# 逆向思维

李磊 著

哈尔滨出版社
HARBIN PUBLISHING HOUSE

图书在版编目（CIP）数据

逆向思维 / 李磊著.—哈尔滨：哈尔滨出版社，2022.1
　ISBN 978-7-5484-5954-5

Ⅰ.①逆… Ⅱ.①李… Ⅲ.①思维方法—通俗读物
Ⅳ.①B804-49

中国版本图书馆CIP数据核字(2021)第248833号

书　　名：**逆向思维**
　　　　　NIXIANG SIWEI

作　　者：李　磊 著
责任编辑：韩伟锋
责任审校：李　战
封面设计：熊　霖

出版发行：哈尔滨出版社（Harbin Publishing House）
社　　址：哈尔滨市香坊区泰山路82-9号　　邮编：150090
经　　销：全国新华书店
印　　刷：三河市佳星印装有限公司
网　　址：www.hrbcbs.com
E-mail：hrbcbs@yeah.net
编辑版权热线：（0451）87900271　87900272
销售热线：（0451）87900202　87900203

开　　本：880mm×1230mm　1/32　印张：9　字数：194千字
版　　次：2022年1月第1版
印　　次：2022年1月第1次印刷
书　　号：ISBN 978-7-5484-5954-5
定　　价：48.00元

凡购本社图书发现印装错误，请与本社印制部联系调换。
服务热线：（0451）87900279

## 李磊 简介

毕业于北京大学，中共党员，回族。担任中国管理科学研究院商学院高级研究员，中国政法大学法律硕士学院联合培养法学项目办公室专员，北京树铭控股集团有限公司董事长，创业讲师，中小企业管理培训讲师，心理咨询师。

"反其道而思之",让思维向对立面的方向发展,从问题的相反面深入地进行探索。运用逆向思维的优势有以下四点:

一、在日常生活中,常规思维难以解决的问题,通过逆向思维却可能轻松破解。

二、逆向思维会使你独辟蹊径,在别人没有注意到的地方有所发现,有所建树,从而制胜于出人意料。

三、逆向思维会使你在多种解决问题的方法中获得最佳方法和途径。

四、生活中自觉运用逆向思维,会将复杂问题简单化,从而使办事效率和效果成倍提高。

# 前言

做逆向思维是一种思考的能力。就是不正面解决问题，而是从反面或侧面多角度思考解决问题。

什么是逆向思维？就是出奇制胜，摆脱正常学习生活经验带给你的惯性思维模式，做正常人不会去想去做的事情，通俗地说，就是要让自己不正常。

这个话题有点儿沉重，因为往往知识储备越高的人，惯性思维越严重（不包括顶尖人才）。从小到大我们都在强调逆向思维的重要性，在今天这个高度发达的互联网信息时代，逆向思维才被普通大众所重视。

人类的思维是具有方向性的，人们习惯性的思维往往都是正向的，这就反而突出了反向思维的效果。反向思维更难于掌握和学习也是重要原因之一。逻辑上擅于逆向思维的人不是精神病就必定是绝顶聪明之人。

人们解决问题时，习惯于按照熟悉的常规的思维路径去思考，即采用正向思维，一般都能达到满意的效果。遇到难题是，由于越熟悉惯性思维越严重，逆向思维反而会突破瓶颈，缺点可能变优点，劣势变优势，被动变主动，曲径通幽，别有洞天。

例如烂掉的水果可以酿酒、金属腐蚀可以变成电镀方法、衣服破洞可以成为时尚、赚钱说成是送幸福。做坏事，啊！还是做坏事。

想创业应该是这样的，当你想要赚一个领域、一个行业、一个人的钱的时候，先要思考他们为什么花钱。简单地解释一下，就是现在的你现实中想花钱做什么事情，再看看有多少跟你一样的人，去掉最容易的，去掉花钱也做不到的，立刻马上就去操作这件事，然后告诉他们可以花钱了，你就是创业成功人士。花钱的难度决定了你赚钱的高度。

　　自己创业的应该是这样的：当你想要赚一个领域、一个行业、一个人的钱的时候，先要思考他们为什么会把钱花在你身上。就是现在的你现实中能给对方带去多大的好处，然后立刻马上去告诉他们花钱吧，最后你就是传奇。

　　好处的多少代表着你企业整合和创新的能力有多大，未来的发展有多大。

# 目　录

001 \ 1. 精辟的 7 个逆向思维小笑话

004 \ 2. 孩子，我不欠你的！

007 \ 3. 人，永远是相互的

010 \ 4. 人性中最大的恶是什么

012 \ 5. 珍惜当下，积极快乐！

014 \ 6. 真正聪明的人，只过 1% 的生活

019 \ 7. "聪明"的人，都死得很惨

024 \ 8. 阅读的 5 重境界

032 \ 9. 思维质量标准的九大要素

037 \ 10. 会让你越来越"穷"的 3 种直觉思维

043 \ 11. 最可怕的敌人，就是没有坚强的信念

045 \ 12. 有才的人全败给"傲"；平庸的人皆输在"懒"！

048 \ 13. 请告诉孩子：不读书，换来的是一生的底层！

052 \ 14. 不要用你的视角去分析判断别人

054 \ 15. 三件事决定你的人生格局

058 \ 16. 如何一步步毁掉深度思考能力？

067 \ 17. 花时间与自己相处，享受我们的人生

070 \ 18. 无知让人看不清自己，也看不清世界

075 \ 19. 烦恼，不是用来抗争的，是用来思考和领悟的

077 \ 20. 一个人真正的敌人，是自己的惯性思维！

081 \ 21. 人本是人，不必刻意做人；世本是世，无须精心处世

083 \ 22. 有心的人和无心的人

085 \ 23. 自律的今天，充实的明天

087 \ 24. 静坐常思己过，闲谈莫论人非

091 \ 25. 距离平庸你差这十大特征

096 \ 26. 起跑线差距并不能决定未来

099 \ 27. 毒鸡汤能让我们更清醒

101 \ 28. 雨后春笋般的中国电影产业能走多远

105 \ 29. 劳逸结合方能事半功倍

107 \ 30. 善于发现生活的乐趣

111 \ 31. 最好的态度是享受生活

114 \ 32. 沙漠里的勇者

116 \ 33. 生活要学会厚积薄发

118 \ 34. 年轻人不能太安逸和懒惰

120 \ 35. 有一种好习惯叫及时回复

123 \ 36. 爬起来比跌倒多一次就是成功

125 \ 37. 水深不语 人稳不言

126 \ 38. 人品决定成败

128 \ 39. 失信是最大的破产

130 \ 40. 生活不易,别忘记活给自己看

132 \ 41. 生活不易我们仍要快乐地活着

134 \ 42. 靠谱做人,靠谱做事

136 \ 43. 拖延在影响我们的生活质量

138 \ 44. 没空烦恼的人生最好

140 \ 45. 专注力决定效率

142 \ 46. 你可以不优秀,但不可以不努力

144 \ 47. 你相信梦想,梦想才会相信你

146 \ 48. 人生没有回头路,应在无悔中前行

148 \ 49. 真正的富养并非是物质满足

150 \ 50. 低调做人的智慧

152 \ 51. 换一个角度,换一种生活

154 \ 52. 放弃也是一种自由

156 \ 53. 幸福是自己内心的满足

158 \ 54. 成功的家庭教育有哪些秘诀

162 \ 55. 管理好自己的负面情绪

163 \ 56. 人最软弱的地方是舍不得

171 \ 57. 人生最大的成功是健康

173 \ 58. 生活不易总要激励一下自己

175 \ 59. 用积极的心态对待自己和别人

177 \ 60. 选择一张椅子

179 \ 61. 你想要敌人还是朋友

180 \ 62. 珍惜读书的时光

184 \ 63. 逃离舒适区

187 \ 64. 我的幸福我自己做主

189 \ 65. 阅读给予我心灵的充实

191 \ 66. 生活的磨难都是对你的考验

195 \ 67. 坚持读书,把握机遇

199 \ 68. 奋斗吧,为了更好的自己

201 \ 69. 中国学子为什么那么需要鸡汤

203 \ 70. 如何从自卑走向自信

207 \ 71. 谁的青春不曾迷茫

209 \ 72. 追求幸福,是人的本能

211 \ 73. 只要出发,就能到达

213 \ 74. 期望太高你就输了

215 \ 75. 有竞争才有发展

217 \ 76. 你的青春在怎样度过

220 \ 77. 苦难造就美好的未来

222 \ 78. 只做最容易成功的事

225 \ 79. 成功者与失败者的根本差异

229 \ 80. 我是最棒的,我一定会如我所愿

232 \ 81. 理想与成功的距离

235 \ 82. 或许成功并不像想象中那么难

238 \ 83. 行走的人开始奔跑

241 \ 84. 让或不让

243 \ 85. 换个视角看生活

244 \ 86. 新的一天给予自己新的能量

248 \ 87. 人生路漫漫,别只活一次

250 \ 88. 跳出发霉的圈子

252 \ 89. 创业是艰苦的过程，也是创造的过程

255 \ 90. 改变自己，重在取舍

259 \ 91. 变通思维，就能有意外收获

261 \ 92. 心有不甘才会更加努力

263 \ 93. 写给即将高考的你

266 \ 94. 自信是最大的底气

268 \ 95. 如何做一个合格党员

271 \ 96. 语言是沟通的钥匙

273 \ 97. 留给自己一个对手

# 精辟的 7 个逆向思维小笑话　　1

生活中很多时候，我们会很容易被眼前的障碍所蒙蔽。如果能从当前的环境脱离出来，从一个新角度去解决问题，也许就会柳暗花明。

人生不如意之事十之八九。生活中，多运用逆向思维，换个角度看问题，你会发现，失去也是另一种拥有，失意也会变成诗意。

## 01

一个土豪，每次出门都担心家中被盗，想买只狼狗拴门前护院，但又不想雇人喂狗浪费银两。

苦思良久后终得一法：每次出门前把 Wi-Fi 修改成无密码，然后放心出门。每次回来都能看到十几个人捧着手机蹲在自家门口，从此无忧。

护院，未必一定要养狗。

换个角度想问题，结果大不同。

## 02

一个钓鱼场新开张，钓费 100 块。

钓了一整天没钓到鱼，老板说凡是没钓到的就送一只鸡。很多人都去了，回来的时候每人拎着一只鸡，大家都很高兴！觉得老板很够意思。

后来，钓鱼场看门大爷告诉大家，老板本来就是个养鸡专业户,这钓鱼场本来就没鱼。

巧妙地去库存,还让顾客心甘情愿买单。新时代,做营销,必须打破传统思维。

## 03

孩子不愿意做爸爸留的课外作业,于是爸爸灵机一动说:"儿子,我来做作业,你来检查如何?"

孩子高兴地答应了,并且把爸爸的"作业"认真地检查了一遍,还列出算式给爸爸讲解了一遍。

不过他可能怎么也不明白,为什么爸爸所有作业都做错了。

巧妙转换角色,后退一步,有时候是另一种前进。

## 04

一个博士群里有人提问:一滴水从很高很高的地方自由落体下来,若砸到人会不会砸伤或砸死?

群里一下就热闹起来,各种公式,各种假设,各种阻力、重力、加速度地计算,足足讨论了近一个小时。

后来,一个不小心进错群的人默默问了一句:"你们没有淋过雨吗?"人们常常容易被日常思维所禁锢,而忘却了最简单也是最直接的路。

## 05

一个妻子想让她的丈夫早回家,于是规定:晚于23点回家就锁门。

第一周奏效,第二周丈夫又晚归,妻子按制度把门锁了,于是丈夫干脆不回家了。

妻子郁闷,后经高人指点修改规定:23点前不回家就开着门睡觉。丈夫大惊,从此准时回家。

可见制度的精髓不在于强制,而在于对被执行者利益的拉动。

## 06

老和尚问小和尚:"如果你前进一步是死,后退一步是亡,你该怎么办?"

小和尚毫不犹豫地说:"我往旁边去。"

遭遇两难困境时换个角度思考,也许就会明白:路的旁边还有路。

## 07

一位大爷到菜市场买菜,挑了3个西红柿放到秤盘,摊主称了下:"一斤半3块7。"

大爷:"做汤不用那么多。"去掉了最大的西红柿。

摊主:"一斤二两,3块。"

正当身边人想提醒大爷注意秤时,大爷从容地掏出了七毛钱,拿起刚刚去掉的那个大的西红柿,潇洒地走开了。

换种算法,独辟蹊径,你会发现解决问题的另一个方法。

## 2　孩子，我不欠你的！

有个美国小孩问他爸爸："我们很有钱吗？"爸爸回答他："我有钱，你没有。"所以美国小孩从小就会自己努力，等继承了父辈祖业，也会如此传承，几代过去，就成就百年企业。

有个中国小孩问他爸爸："我们很有钱吗？"爸爸回答他："我们家有很多钱，等我死了，这些将来都是你的了。"所以，中国富人的小孩，从小就被娇惯坏了，爹还没死，他们就开始大把花钱，整日无所事事。等到他们接手了父辈产业，很快挥霍殆尽，所以古语云："富不过三代。"

下面看一个故事，就可以更好地了解中西方在对待孩子教育上的差异。

### 希望你的到来不会给我增添麻烦

去年暑假，一个中国朋友把自己 13 岁的儿子送到了澳洲的一个朋友玛丽家，说要让儿子见见世面，请玛丽照顾一下。因此，玛丽就开始了她对一个未成年男孩的"照顾"。

刚从机场接回男孩，玛丽就对他说了一番话："我是你爸爸的朋友，在澳洲一个月的暑期生活，你爸爸托我照顾你。但我要告诉你的是，我对照顾你的生活并不负有责任，因为我不欠你爸爸，他也不欠我，所以我们之间是平等的。

你 13 岁了，基本生活能力都有了，所以从明天起，你要自己按时起床，我不负责叫你。起床后，你要自己做早餐吃，因为我要去工作，不可能替你做早餐。吃完后你得自己把盘子和碗清洗干净，因为我不负责替你洗碗，那不是我的责任。洗衣房在那里，你的衣服要自己去洗。

另外，这里有一张城市地图和公共汽车的时间表，你自己看好地方决定要去哪里玩，我有时间可以带你去，但若没时间的话，你要弄清楚路线和车程，可以自己去玩。总之，你要尽量自己解决自己的生活问题。因为我有我自己的事情要做，希望你的到来不会给我增添麻烦。"

13岁的小男孩眨着眼睛听着这位不许自己叫她阿姨，坚持要他直呼其名——玛丽的一番言语，心中肯定是有所触动的。因为在北京的家里，他的一切生活都是爸爸妈妈全盘负责。

最后，当玛丽问他听明白了没有的时候，他说："明白了。"

是啊，这个阿姨说得没错，她不欠爸爸，更不欠自己的。自己已经13岁了，是个大孩子了，已经能做很多事，包括自己解决早餐以及自己出门，去自己喜欢的地方。

孩子似乎被施了"魔法"。

一个月之后，他回到了北京的家。家人惊讶地发现，这个孩子变了，变得什么都会做，他会管理自己的一切：起床后叠被子，吃饭后会洗碗筷，清扫屋子，会使用洗衣机，会按时睡觉，对人也变得有礼貌了……

他的爸爸妈妈对玛丽佩服得五体投地，问她："你施了什么魔法，让我儿子一个月之内就长大懂事了？"

孩子，我不欠你的！

中国的一些父母太宠爱孩子了，只要自己有的，全都给了孩子。自己没有的，也总想要把世上最好的一切提供给孩子。

孩子小时候为他遮风挡雨，把一切都安排好，将他保护在自己的翅膀下面；孩子长大了，甚至成家了，中国的父母仍然里里外外给孩子操持着，他们的一生似乎都在为了子女而活，全然不见自己生活的踪影。

无论是年轻的父母们,还是已经年老的父母们,孩子不仅仅需要我们的宠爱,他们更需要我们放手的爱!我们的子女都是非常优秀的,他们有能力独自去创造更好的生活,或许他们自己找到的未来,比父母提供得更好。

中国的父母们,咱们要学会放手,不要再做生活全包的父母了。无论是教育子女,还是照顾孙辈,我们都要时刻记住,父母不欠孩子的,爷爷奶奶也不欠孩子的!

说得太好了!这个故事对每一个家庭都有深刻的意义,对我更是启发非常大!希望全中国的每一个父母都能读一读这个故事!

无论是与子女相处,还是教育孙辈,都要时刻记住我们不欠孩子的,孩子需要学会有独立自主的能力,而我们也总有一天会退出孩子的生活,他们终将独自面对这个世界!

# 3 人，永远是相互的

如果我无法得到，我会把我有的，送给你。

这是关于两个小男孩和一双崭新的黑色皮鞋的故事。它温暖了全世界，感动了世界上不同种族、文化的人。

人都是相互的，当善良遇见善良，就会开出世界上最美的花朵。故事开始。

人来人往的街道上，小男孩（不妨叫他 Mark）坐在墙角，对着自己那双破旧的鞋发愁。

从他的穿着打扮和这双已经破到报废的鞋可以看出，他是个地地道道的穷小子。

父母忙着讨生计，赚一口吃饭的钱。没人顾得上他的鞋还能不能穿，他现在到底有多伤心？

他正发着呆，不经意地抬眼间，竟发现人群里走过来一双闪亮的黑皮鞋。富人家的小男孩（就叫他 John 吧），正边走路边擦拭着这双黑皮鞋。

电影并没有告诉我们 John 的这双鞋是怎么来的，但是看他的样子就能猜到他有多爱惜。

那可能是一件生日礼物，是考试 100 分赢得的奖励，是能让他高兴好一阵子的东西。

这双闪着光泽的黑色皮鞋，瞬间抓住了 Mark 的目光，把他看呆了。你看他的眼神里，都有些什么啊？是渴望，是羡慕，是惊艳，是沉醉其中。

那双鞋是他做梦都没见过的样子，可现在竟穿在一个同龄人脚上。他手里提着自己那双破鞋,却无法限制他对美狂热的渴望。

就在这个时候,John 的火车马上就要开动,爸爸拉着他拼命往前挤。情急之中,一只鞋子被挤了下来,他想回头去捡,但是车子已经启动。这只鞋竟然就这样自己跑到了 Mark 身边。

他愣了一下,赶紧跑了过去。小心翼翼地双手捧起,充满仪式感。

只不过是一只普通的鞋,却被他视作珍宝。看到这里,已经有人泪目……

他一定开心坏了吧?渴望的东西就在眼前,得来全不费工夫。

却只见 Mark 没有丝毫犹豫,立马追了上去,想把东西物归原主。如果不是我的,我会把我得到的,还给你。

跟着火车跑了好久好久,已经累到虚脱,而车子也渐行渐远、渐行渐快。

John 也急得快要从火车上跳下来,努力伸手去够。可是,真的拿不到了。

这个时候,John 做了一件让所有人意想不到的事:他把自己脚上那只鞋也扔了下来。如果我无法得到,我会把我有的,送给你。

亲爱的小伙伴,天大地大,我们在拥挤的人群中仅有一面之缘,从此以后想必也不会再相逢。这只鞋子,是我的宝贝,但是既然我再也没法得到,就把它送给你。感谢你光着脚跑了这么远的路。

这样慷慨的馈赠,并不是人人都有的气度。

当一样东西不再属于自己,大多数人的选择是执着于此,拼命不想放手。可就像手里的沙子,抓得越紧,漏得越多。

把它让给更需要的人,反而既成全了别人,也收获了一份珍贵的回忆。这两个小男孩的故事让我们明白:

贫穷时该有所坚守，富有时要懂得取舍。

善良是比聪明更难得的事，因为聪明是一种天赋，而善良是一种选择。

你爱别人，别人会爱你；

你帮别人，别人会帮你。

你施与别人，别人会回敬于你。

你给世界几分爱，世界会回你几分爱。

爱出者爱返，福往者福来。种下宽容，收获博爱；种下愉悦，收获快乐；种下满足，收获幸福。人性的弱点就是常常看到别人的缺点，却看不到自己的不足；然而世间万物都是相互的，给别人多少，别人就会回敬你多少。若想被人尊重，先去尊重别人；若想被人理解，先去理解别人；若想被人宽容，先去宽容别人；若想被人欣赏，先去欣赏别人；若想被人谦让，先去谦让别人。因为人都是相互的。

愿我们都能在这个世界中释放一点温情，温暖彼此。

# 4 人性中最大的恶是什么

## 一、伪善

"伪善"比"无善"更可怕。无善的人给人的感觉是直观的，你可以很快地看出来，然后，直接找出方法与计策来对付。而伪善的人却是非常的可怕，如果没有长时间的足够了解，如果没有多件事情的综合考验，你根本看不出来一个伪善之人的真面目。

也许，你在最困难的时候，想到求救的人，竟然第一个想到的是这个伪善的人；也许你在无退路的时候，刚好送进笑面虎的口里；也许你身边最好的朋友名单里就有他的名字。而且还有可能，伪善的人把你出卖了，你还在替他数钱！

伪善是人间之大恶，他比明着的恶人还要恶好多倍。他让你防不胜防，他是那只把肚子饿瘪了，随时随地扑过来的狼。不过，这种伪善的人，再会伪装，也骗不过猎人的眼睛。猎人手里的枪随时瞄准着他。

## 二、纵恶

自己不做坏事，却在后面放纵别人做尽恶事。表面上，他什么也没有做，似乎所有的恶与他都没有关系。其实，这种恶更是恶上加恶。明明知道是错误的事情，就千万不要纵恶多端，就连最小的恶也莫要纵容。遇见恶就要劝化，让其从恶中清醒过来，回头是岸。

## 三、背叛

不要背叛爱你的人，不要背叛信任你的人，不要背叛关心你的人。背叛，是别人无法原谅的错！有些路走错了，可以回头。有些路走错了，再没有回头的路。背叛一个人以后，内心一生都不会得到安宁。要懂得重情重义，而不要为利背叛人性。

## 四、阴险

生虎犹无畏，小人最难防。小人常常躲在阴暗的角落里，让你防不胜防。小人阴险，从来不与人们作正面交锋，而是在背面做尽坏事。性格阴险的人，当面笑嘻嘻，转身就变脸。说话口中抹蜜，做事心狠手辣。这样的阴险狡诈之人，实在是大恶之人。

# 5　珍惜当下，积极快乐！

### 一

鸡叫了天会亮，鸡不叫天也会亮，天亮不亮不是鸡说了算，关键是谁醒了。醒来的过了一天，没醒的过了一生。

感悟：鸡叫了天会亮，似乎是因缘；鸡不叫天也会亮，似乎是自然。我们常在事相中打转，比如探究鸡叫与天亮的关系，却不知鸡叫也好，天亮也罢，皆自心之所变现，因缘自然皆戏论。明白此理，才是真的天亮了。否则就是浑浑噩噩昏睡了一辈子。

### 二

有个人买了一箱梨，天气热怕梨坏了可惜，每天挑几个最差的吃掉，最后却吃了一箱烂梨。

总结一下，作副对联：

上联：放着好的吃烂的，

下联：吃了烂的烂好的。

横批：永远吃烂的。

人生亦如吃梨，因为在意每天不开心的事，一辈子都得糟心下去；把糟心的事放下，每天阳光一点，你就灿烂一辈子！珍惜当下，积极快乐！

已经拥有的怕失去，尚未拥有的要惦记，心越绷越紧，每天被名闻利养所牵绊，就像一头牛，被人牵着鼻子日夜奔波、永无休止。要想自在快乐，该放下时就得放下；要想度众生，该提起时就得提起。何时该放下？何时该提起？只有明白如来藏之理，才能真正收放自如，自在解脱。

## 三

家长会上，老师在黑板上做了这四道题：
2+2=4，4+4=8，8+8=16，9+9=20。

家长们纷纷说道："你算错了一道。"

老师转过身来，慢慢地说道："是的，大家看得很清楚，这道题是算错了。可是前面我算对了三道题，为什么没有人夸奖我，而只是看到我算错的一道呢！"

老师接着意味深长地说："家长们，教育的真谛不在于发现孩子错误之处，而是赏识他们做得对的地方！孩子如此，成人亦是，共勉之！"

做人也是这样，你对他百次好，也许他忘记了；一次不顺心，也许会抹杀所有！这就是 100-1=0 的人性道理。其实家里亲人之间又何尝不是常常犯同样的错呢？

没人天生就懂得控制情绪。真正有智慧的人，时刻留意不要让自己栽在坏情绪中！

人和事物都是一体两面的，好中有坏，坏中有好，好坏互转。我们不应只看一时一点的好坏得失，要有全局观，不能以偏概全。可惜众生习惯以偏概全，把肉身当自己，殊不知：天地万法皆一人一念之所变现，对错好坏皆是我，皆是你，皆是他，没有谁不是谁，那还有什么好计较的？

# 6　真正聪明的人，只过 1% 的生活

人生就是不断轻轻地放下

**一、拥有并不等于幸福**

在某一个天气极好的周末，乔舒亚和太太金决定对家庭来一个春季大扫除，先从清理车库开始。

但是他发现这并不是一个简单的活，东西堆叠得杂乱无章，零乱又琐碎，耗费的时间要比自己想的多得多。

正烦恼之际，他邻居说的一句话让他醍醐灌顶，并让他下决心改变自己的生活方式。

邻居说："你拥有的越多，被占有的也就越多。"

他第一次意识到困扰他的东西，就是那些可能一辈子都不会用到但又舍不得扔掉的落满尘埃的杂物。

他忽然想通了，有时候拥有并不等于幸福。

我们生命中那些堆积如山的杂物不仅不能给生活带来幸福，相反，它们还会分散我们的注意力，让我们无法痛快地去做真正让自己幸福的事。

不幸福不是因为我们拥有的不够多，而是因为我们拥有的太多，是时候给自己的生活做减法了，清除掉那些无用的杂物，我们会发现自己的身心会变得愉悦，身轻如燕。

通过极简主义的生活方式，人们可以从已经拥有的物品束缚中解放出来，重新找到自由的感觉。并能投入更多精力、财力去追求自己更伟大的梦想。

极简主义令生活更美好，它倡导少即是多，拥有更多机会要比单纯积累物质更有价值。

清除掉 99% 对自己无用的东西，然后集中精力过好剩下的 1%，你会获得更丰盈的人生。

## 二、越简单，越美好

这是一个欲望膨胀的时代，也是一个消费至上的时代。

在我们的生活中，充斥着各种各样的工具，各种各样的物质消费品。美好生活似乎就被我们拥有多少所定义。

可是，当我们拥有的越来越多，却发现属于我们自己的空间却越来越少。男人们买汽车，换手机，越来越频繁，大多数时候都不是因为它们不能用了，而是有新的产品出现了，而新的产品代表着地位和尊严。

女人们受不了"网购"的刺激，疯狂地"剁手"，衣柜爆满，桌上的化妆品能用许多年，却还在感叹怎么没衣服穿了，没有化妆品用了。

买东西变得越来越轻松方便，只需要手指轻轻一点，生活的确是越来越方便了，但是我们自己有没有越来越轻松呢？

答案显而易见，我们越来越感到负担和疲惫。

错综复杂的社会环境，日渐沉重的生活压力，还有那不断膨胀的欲望，都是人们肩头上的负担，压得人喘不过气，逼得人迷失自己。

我们都在感叹：自己想要的生活已经越来越遥远。

我们是时候丢掉那些没用的东西，丢掉那些负担，丢掉那些多余的想法了。极简主义的美好，并不在于它带走了什么，而是给予我们的东西。

拥有更少物品的生活总能让人感到自由，给人以蓬勃的生命力，它使我们在精神层面得以扩展，而不仅仅是依靠物质的积累。

### 三、如何极简

极简听起来很美妙，那么具体该怎样极简呢？

我认为可以从以下几方面做起：

第一，物质：只拥有必需之物。

你听说过"二八法则"吗？这是个普遍规律，在很多领域都适用。

我们在80%的时间里只使用自己拥有的20%的物品，我们在20%的时间里才会用到另外80%的物品。

我们拥有过多选择、过多诱惑、过多欲望和过多食物，似乎不再懂得过简单的生活，唯有摒除这些身外物才能发现新世界。

不再拥有过多东西，你才能省出更多时间来关注真正重要的东西。

扔掉那些不需要的东西，让自己的大脑更轻松，专注于新一天的开始。

第二，金钱：不要太穷，也不要奢求一夜暴富。

生活如此复杂，多数是因为没有摆正金钱的位置。

我们总是觉得幸福与拥有更多物质有关，与拥有更多金钱有关。

其实物质和金钱只能满足表面的匮乏，要不然你不会依然感到不幸福，尽管我们现在的物质水平是10年前的10倍都不止。你会在购买了一件东西后还是不满足。

令我们不满足的根源不在于物质和金钱，而是我们自己。

把钱分为两部分，第一部分用于维持高质量但简约的生活，余下的第二部分用于实现梦想。

第三，时间：少浪费就会拥有更多。

时间，是我们最宝贵的财富，是每一天纯粹属于我们的东西。

忘记昨天，不期待明天，专注地过好当下的今天，才是对待时间最好的方式。

让生活变得简单，我们更精力饱满，轻装上阵，充满热情，才不辜负大好年华。

少浪费其实就是拥有更多，不在不必要的事情上浪费时间，给梦想，思考和悠闲腾出更多时间。

第四，工作：做得越少，效率越高。

工作中不打时间战，改变自己利用时间的质量，锻炼自己的注意力和排除杂念的能力，让工作更有效率。

把精力集中在重要的事情上面，每天做好工作计划和工作安排，清爽高效率地去做事情。

最后要说的是，不要在办公桌上积压很多杂物和生活用品以及文件，只留下必需品，极简才是高效率。

第五，生活：慢下来，把日子过成诗。

有规律地吃饭，放弃无用社交，做更多对自己身心有利的事情。比如跑步，或者徒步、阅读等。

每天花一些时间做一些计划，比如阅读某本书，筹备一次旅行，参加有益的知识讲座等。

简单来说就是不要浪费时间在那些丝毫不会让自己变美好的事情上，专注于自己和生活。

有人说真正的成熟就是明白99%的事情都与我们无关，我们只需要过好自己1%的生活就好了。

## 四、慷慨就是幸福

对于互联网高度发达的今天，对手机不离身的我们而言，可能最不缺的就是信息，各种软件的无数商品、娱乐、社交、工作信息几乎将我们淹没。

我们每天都好像很忙，很努力，但却越来越焦虑。脑袋像上紧了发条的钟，总是停不下来。

不断地买买买，更新自己，唯恐落后。不断地参加聚会，美其名曰积攒资源。我们很少坐下来思考：实现那么多欲望真的有必要吗？占有那么多物质真的很幸福吗？试图和每个人都做朋友有必要吗？当然没有必要。

如果我们愿意彻查内心，就会发现，我们想要的东西太多，而真正需要的其实很少。

我们之所以那么累，就是因为成为了"想要"的奴隶，放弃了对"需要"的觉知。

假如我们能遵循"少即是多"的极简主义原则工作和生活，也许就不会感到疲劳，我们也有了更多的时间、精力去做人生中最重要的事——那些能让我们和他人变得更幸福、更美好的事。

拒绝那些多余的东西，在你拥有的一切之下，发现你想要的生活，这也许才是生活真正的大道理。

## 7 "聪明"的人，都死得很惨

### 01

朋友小魏遇到过一个让他自惭形秽的人（暂且称他为 M 吧）。

在小魏看来 M 是那种情商极高的人，和领导关系亲近，与同事沟通密切，更能和客户打成一片，几乎和所有人的关系都很好。和他打交道能让你有种如沐春风的感觉，因为他非常顾及你的感受，说话总能说到你心里去。

可以说，他那段工作很多的自卑感都来自 M。因为他差不多正好是 M 的反面，和领导接触会畏惧，和客户联系会紧张，哪怕是和朝夕相处的同事打交道，很多时候也觉得自己拙于言辞。而 M 不一样，M 有种亲和力，哪怕和一个陌生人也能迅速熟络起来。

换句话说，小魏这种算是职场的"透明人"，很难显现出自己的存在感。到这家新公司之后，尽管挣扎了很久，还是慢慢向这个尴尬的角色陷落。

一次小魏和另一位同事 D 出去喝酒。或许是喝到位了吧，小魏感叹了句："好羡慕 M 啊，能和所有人都处得那么好，到处都是朋友。"

这时候 D 非常诧异地盯着他说："你怎么会有这样的想法呢？你知道吗，公司里面我最不喜欢的就是 M！"

"啊？！这是为什么呢？我觉得他挺好的啊！"

"一种说不清楚的感觉。说实话，M 确实很会说话，说的每句话都让你感觉很舒服。可这也会带来一个问题，你永远不知道他内心真实的想法是什么。你不会知道他说的话，到底他就是这么想的，还是仅仅为了让你舒服而已。好几次，我自己工作上遇到了问题找 M 深聊。那时候我最需要的是朋友真心的建议，哪怕那建议未必正确。可是自始至终，M 都还是在用之前那一套应付我。从那以后，我就和他保持距离了。"

后面 D 又说了一件事，一次他家里出了点儿事找 M 借钱。其实也不多，也就两万块，可是 M 说自己最近也非常困难，婉拒了 D。但没过一个星期，D 发现"经济困难"的 M 就给自己买了一部新手机和一个名牌的包。

最后 D 总结道："你没发现吗，M 确实非常聪明，聪明到他只用成本最低的方式在维护关系。说一些好听的话让人开心是件成本很低的事，在朋友难过的时候说几句虚情假意的话也是成本很低的事，特别是这些事还能给自己带来利益。至于金钱上的帮助、业务上的真心建议、毫无保留的坦诚交流，这些事情的代价就要高很多了，所以 M 是从来不做的，他其实是把为人处世当成生意在做。这种聪明，我不喜欢。"

当时小魏还不是特别能体会到 D 的说法。后来小魏在新公司业绩慢慢做起来了，甚至超过了 M，结果小魏发现起初和他关系最好的 M 开始慢慢疏远他，才明白 D 是对的。

不知道 M 是否明白为什么那些"关系很好"的客户却没法给他带来业绩呢？要说问题，或许问题就出在他太"聪明"了吧。

## 02

有个朋友 L，是圈子里闻名的"恋爱达人"。不是说他谈过很多恋爱，而是说他很懂恋爱，懂得如何追求异性。

有一次我组织了一次饭局，里头有 L 以及另一名资深"单身狗"Q。

Q大倒苦水,说自己学了网上很多恋爱课程,什么心跳理论呀,什么"打压"原理呀,又比如那些怎么说话女孩子才会开心的理论和方法呀。钱花了不少,可还是一次又一次被女孩子拒绝。

L听后说道:"你呀,就是套路学太多了,把自己的真心都给忘了!"是啊,这年头最傻的行为就是以为这世界上只有一个聪明人,其他人都是傻子。

这年头,谁没谈过几次恋爱呢?经历过了,最单纯的人多少都明白其中的套路。你的欲擒故纵、欲拒还迎,你的话里藏话、一语双关,自己觉得很巧妙,殊不知对方都一清二楚,不声不响间就给你判了死刑。

说句不好听的话,能被你单纯用套路勾搭上的姑娘,要么是真正的傻白甜,要么就是比你套路还多的人。到最后,谁勾搭上谁都说不清楚呢。

最后L给了Q一个建议:

下次再约姑娘吃饭,如果对方问为什么,可以直接真诚地说:我对你很有好感。只要你的态度真诚,表露自己内心的想法其实比什么套路都来得有效。是啊,人越成熟,越会明白简单的可贵之处。与花心思在充满心机的"聪明"上相比,其实稍微笨拙一点的真诚反而弥足珍贵。

## 03

我有个生意上的搭档T,我们两个人合伙开了家公司。

T是一个特别爱学习的人,工作也非常勤奋。他最喜欢做的事情之一,就是"拆解"同行的成功案例,模仿他们有效的商业套路。

公司成立的前几个月,T拆解了几十个商业案例,走南闯北拜访了很多人，给公司设计了十几套据说都很牛逼的运营模式。下了特别大的功夫，可是公司的生意却始终不见起色。

后来我和他深聊了一次，我说这样下去不行，公司可能要黄。要不我们重新梳理一下要做的事情，然后把要解决的问题一个一个列出来，挨个儿想办法去解决，啃硬骨头。至于那些别人的模式，哪怕再牛逼我们暂时也别看了！

后来我们达成了共识，按照新的思路运作公司，结果第二个月就实现了5倍的业绩增长，公司慢慢上了正轨。

其实创业时间长的人慢慢都会有这样的感觉：

真正有效的商业模式往往都是简单又直指本质的，那些花里胡哨的东西往往是华而不实的。此外，再好的方法也解决不了所有问题，该啃的硬骨头是逃避不了的。花太多心机在学习各种"神奇技巧"上，内在的本质是为了逃避问题，但结果往往适得其反。

无独有偶，前几天看微信之父张小龙的年终演讲，其中几句话给我特别大的启发，他说："惊讶的是，其实微信只是守住了做一个好产品的底线，居然就与众不同了。那是因为很多产品不把自己当产品看待，不把用户当用户看待，而微信，做到了这两点。"

我们现在去看国内互联网的很多产品，其实都非常"聪明"有心机。如何拉新、如何诱导点击、如何高效率变现，各种套路层出不穷。结果呢，反而是崇尚"简单"原则的微信闯了出来，成为中国第一个用户规模超10亿的产品。

## 04

所谓的"聪明"，是指花过多功夫在表面的、机巧的、琐碎的事情上。而"简单"则与此相对，指我们要找出事物的本质，然后用心于解决本质问题。

人与人相处，本质是真诚、尊重、关心、帮助、利益分享。这些东西到最后一定会比八面玲珑、巧舌如簧来得有效。

做产品的本质，是尊重用户和做好产品。这两点做好了，其他工作就如虎添翼。这两点没做好，辛苦拉来的用户迟早也会离你而去。

企业管理的本质，是高效、透明、让利、公平，这些也比老板天天"画大饼"强得多。

这个世界没有谁是傻子，谁真正对你好、谁表面对你好，哪怕嘴上不说，心里都非常清楚。信息传递的渠道已经足够多、速度足够快，靠坑蒙拐骗成功的那一套，越来越行不通了。

我身边的那些"聪明"人，基本都死得很惨。而以笨拙真诚待人待物的，大多数都越来越好了。

# 8　阅读的5重境界

现在普遍的读书状况各异,我总结了一下中美大学生阅读的类别差异。

中国这边,排第一位的应当是小说类,诸如《平凡的世界》,在两所校园夺得阅读之冠。余者有《三体》《盗墓笔记》《神雕侠侣》《绝代双娇》《天龙八部》,多是些文学作品。思想类型的书,极为稀少。

而美国十所高校综合排名,借阅量前十名的书籍分别是:

《理想国》——柏拉图

《利维坦》——霍布斯

《君主论》——尼可罗·马基亚维利

《文明的冲突》——塞缪尔·亨廷顿

《风格的要素》——威廉·斯特伦克

《尼各马可伦理学》——亚里士多德

《科学革命的结构》——托马斯·库恩

《论美国的民主》——亚历克西斯·托克维尔

《共产党宣言》——马克思

《政治学》——亚里士多德

从榜单来看,中国的大学生们较少阅读有想象力的书籍,较少阅读有国际视野的书籍,较少阅读综合类,或有普遍意义的自然科学和社会科学书籍。

还有一个现象,名校和普通高校学生阅读差异不大。这个评价或有道理,但换个角度,也许更能说明问题。

## 阅读的 5 重境界

依据个人的阅读经验，中国孩子的阅读量太少，少到了怕人的程度。

大学生之所以阅读类别多以小说为主，这是因为阅读的起点就在这里。从阅读心理上来看，阅读也是循序渐进，分这么几个步骤：

### 一、纯娱乐小说，这是阅读的起点

这个起点是继婴幼时代的童书而持续的，功效在于培养孩子的文字敏感性。但由于中国孩子在中学时为了拼高考，阅读功能基本上废掉了，到了大学才补这一课，但已经错过最佳时期，多数学生有可能连这关都闯不过。

### 二、传统经典小说

当孩子把流行的娱乐小说读过，文字的敏感性就培养了出来，就不再满足于简单的人物结构，要阅读些智力含量较高的作品。诸如《基督山伯爵》《九三年》《飘》《傲慢与偏见》《简·爱》《1984》等书就会被翻出来。

而这些书在各大高校没有上阅读榜，这就证明国内的孩子阅读量严重不足，阅读时间严重不够。

### 三、进入史哲领域

只有对经典广泛涉猎，才有可能培养出这方面的兴趣。

这是因为经典小说中，大量涉及有史哲领域的概念，诸如古希腊神话，西方历史典故。上述这些典故在书中频繁出现，最终形成孩子的阅读敏感点。能够读懂《希波战争史》《伯罗奔尼撒战争史》《理想国》《利维坦》《论法的精神》《社会契约论》《梦的解析》等等。这时候孩子们的大脑开始体系化，然后是下一步。

**四、进入思想领域**

有了史哲的基础，这时候就会阅读大量的思想典籍，诸如卡尔·波普尔的《猜想与反驳》《客观知识》，伊·拉卡托斯的《科学研究纲领方法论》，蒯因的《从逻辑的观点看》等等。

阅读到了这一步，才算是个读书人，阅读量才能够勉强和西方学府的大学生比较一下。但只有突破第五步，才算是读有所成。

**五、形成自己的思想体系，并依据自我体系构建新的阅读书目**

理论上来说，真正的思想家不需要读这么多的怪书，去构建自我思想体系，但这种生而知之的异类数量较为罕见，几百年也出不来一个两个。

考虑到我们之中许多人连现成的书都读不明白，最好还是视自己为一个普通的守夜人，就是读懂书，建体系，再传承，以待来者。即使要做到这一步，也需要先对思维认知有个思考，这个思考又称为元认知的能力。就是你要如何获得知识，这些知识在大脑中如何有序组列的过程。

完成这五步，你的人生就游刃有余了——这时候，你的思考即使不一定有深度，也有足够的广度，简单说就是看问题看得通透，生存很容易，不会有什么痛苦或是压力，即使有，也不会那么夸张。

但老实说，阅读或是思考，根本用不到走出这么远。

如果你肯硬起头皮，走到第二步，你的人生就可以笑傲江湖了。达不到第一层境界是怎样的？

如果一个孩子，大学稀里糊涂走一圈，最后居然不喜欢读书，结果会怎么样呢？

这个远的不说，近的有复旦学生毒杀自己的室友，美国那边还有一群留学的中国小女孩，因为凌辱自己的同胞被判了重罪。

这些事，就是孔子所说的"质胜文则野"。读了半天书，也未能消弭心中的暴戾之气，说到底就是读书量太少，还没完成文明教化——文化，就是消除野蛮愚昧的文明教化的意思——仍然停留在原始人的野蛮生长状态中。

也就是说，还没有达到阅读的第一个层次——通读流行娱乐小说的境界，虽然不能说他们不是文明人，但大家确实需要再努力点。但人这东西矫情得很，不读书吧，处于"质胜文则野"的阶段，这个流行娱乐小说一读，又会矫枉过正，误入"文胜质则史"的误区。

**读书在第一层境界会怎样？**

处在阅读的第一阶段，大概算是网络上被嘲笑得最厉害的文学青年。文学青年是讲究腔调的，这跟孔子说的"文胜质则史"的"史"是同一个意思，就是个矫情，就是个装模作样，就是年纪轻轻却酸腐气息冲天。长吁短叹，老是抱怨怀才不遇的，也是在这个起步阶段。

只是因为读书量少，还不知道自己的无知，所以才会有此抱怨心态。如果他们不加大阅读量，迅速形成新的阅读敏感点，进入第二阶段的话，他们有可能成为"老文青"。而他们的思考，是没有深度的，是幼稚的，完全情绪化的，凡事就看自己喜欢不喜欢。

广度上的思考也没有，是完全自我的，但这时他们人格相当脆弱，所谓自我也是飘忽不定的，呈现出十足的孩子气。这些毛病，一旦进入阅读的第二个阶段，就自然消失了。

**读书进入第二层境界会怎样？**

阅读的第二个阶段，就是开始阅读传统经典小说。

这类小说剖析得非常深刻，对人性反映得也比较全面——尤其是书中有许多复合型性格的人，这让此阶段的阅读者们，获得了对人性观察的立足点。这时候，他们思考的深度，不再是幼稚的，而是成熟的、理性的。

思维的广度，也不再囿于自我，而是能够兼顾周边——也就是鸡汤文大谈特谈的，体会他人心情，学会换位思考什么的。到了这一步，阅读者的人格就基本上成熟了，知道了责任与义务，能够担当人生使命了。但"行百里者半九十"，此时阅读者还未形成更丰富的理性思维，他们在生活中也许会是个好丈夫，听话的好员工，但这个丈夫是窝囊的，这个员工是没有创意的。

总之，这类人是社会的主流，也是最苦闷的。"宝宝们心里苦，但是他们不说"。因为有第三个阶段，在等待着他们。

**读书达到第三层境界会怎样？**

进入阅读的第三个阶段，史哲领域。这个阶段的人，是非常高雅的，非常有品位的。

他们都是钻石王老五，是社会中流砥柱的中产阶级。他们有思想，有能力，高智商，会赚钱——但只有他们自己才知道，他们无时无刻不是忧心忡忡，老是有种大祸临头的危机感。中产阶段的危机感，可以归结为政经问题，但本质是他们思维的深度挖掘不够，广度拓展不足。

这一层次的人，思维深度就是网络上最经常说起的富人思维，遇事不是看短期的利益，而且是看长远的价值。所以他们又可以称为价值型，长线思考型。看问题更注重规则，比普通人多看出几百码的距离。

在思维广度上，这类人注重的不是自我，也不局限于周边。他们会把一个问题，放在开放的社会环境下考量，所以他们的结论，也往往充满智慧闪光点，让人眼前一亮。但这还不够。

中产王老五们的心灵压力，只有在他们进入下一阶段时，才会解除警报。

**读书达到第四层境界会怎样？**

阅读的第四个阶段，进入思想领域。这类人的思考，已经不再停留于狭隘的利益或是价值，更多地注重延展性，注重现实的可操作性。

这种注重，源自于他们的思维深度与广度，获得了空前的拓展。这时候他们的思维深度，不是看一件事是否合理，一个规则是否公正，而是是否具有持久性。有关这个持久性，或可持续性，来源于他们的思维广度。这时候他们注重的不是什么社会公正，也不是什么肤浅的道德评述，而是针对人性本身：许多你以为好的东西，未必符合人性，这些东西就不会获得存在依据，更不可能持久。

相反，一些你认为不好的东西，却是人性的天然流露，这时候你对道德的观感，也与此前大为不同。说过了，危机感的警报，只有在这层次才会解除。但这时候的生活也是乏味的，沉重的，甚至有种苦行僧的悲情。就是一个累字。乐趣，只有在下一个阶段，才会获得。

**读书达到第五层境界会怎样？**

读书的第五层境界，会有诗和远方。进入阅读的第五个层次，能够构建自我思想体系，再也不会遭遇人生难题。

这类人的思维深度，就是高晓松所说的诗和远方。不到这一层次的人，也未必就没诗，未必去不了远方。但在这里，我们可以说个笑话了。

一只苍蝇，在泛美航空的飞机里，周游了整个世界。但它没什么可以炫耀的，飞出再远，它仍然是一只苍蝇。

有位在美国的女士,网名人生如诗,她在自己的博文里写道:我的一个同学来美国八年了,他的英语还是没有什么长进,白天在一个台湾人开的工厂工作,晚上回家跟老婆讲中文,看中文电视。所以他俩根本没法说话。最后只能看电视。人虽然来到了美国,但从没走出中国人的圈子。讲中国话,吃中国饭,接触的都是中国人。有一个中国人,在国内曾经是英语老师。但来到美国十几年,一直在中国餐馆工作,后来把英语全忘了。

没有思想的人,走出再远,其实还在起点。一旦拥有了思想,也就有了俯瞰问题的全景视角。这时候在你的视野里,不确定的人性,也只不过是天地自然的一个偶然片段。唯独在这种时候,才有可能生出悲悯之心,才能解脱自我或外部环境强加于你的所有束缚与羁绊。才能够获得心灵的、精神的、现实物质的多重自由。

现实是本最好的教材,这是我们从阅读的角度,剖析思维的深度和广度。但如前所述,即使是一个不读书的人,也未必就肯定是个质胜文的野蛮人。

现实是本最好的教材,能够让人迅速成熟。许多不怎么读书的人,也能够达到思维的第三层,甚至第四层。需要说明的是理工科的孩子,如果学理工而没有思想,最多不过是个低端的技工。无法进入创造的自由领域。如果你希望走得更远些,读书绝对是个讨巧的法子。因为图书是人类智慧凝缩的精华,是我们通往自由王国的最简捷径。

最后给大家留道习题。

罗素,英国的大哲学家。他年轻时,一战正要爆发,同龄人纷纷当兵入伍,罗素却吊儿郎当,袖手旁观。有个老太太气愤地对他说:"孩子,你的同龄人都去当兵打仗了,你却在这里游手好闲,不感觉到惭愧吗?"

罗素问道:"为什么要打仗啊?"

老太太回答:"当然是保护文明啦。"

罗素哈哈大笑起来,曰:"老人家,我就是他们要保护的那种文明。"现在请回答,罗素的这句话,在思维的深度及广度的哪一层?老太太的责问,又在哪一层?

你的答案不重要。重要的是思考。

# 9　思维质量标准的九大要素

想要合理评估自己的推理能力,需要我们一直介入自己的思维,并以思维质量标准为参考,来考察思维的各个部分及推理的整个过程。通常我们要使用到的标准包括清晰性、准确性、精确性、关联性以及深度、广度、逻辑性、重要性和公平性。

## 1. 清晰性

如果一个陈述不清晰,我们就无从展开讨论。比如"对美国教育体制能做些什么"就是不清晰的问题,更清晰的问题可以是"为了让学生学到胜任工作的技能,从事教育的人能做什么"。

你可以问以下问题,来分析思维清晰与否:

你能就那一点做详细阐述吗?

你能换个方式来表达那一点吗?

你能给我举个例子吗?

## 2. 准确性

一个陈述可以清晰但不准确,比如"大多数狗都超过300斤"。人们经常错误地呈现或描述事情,特别是牵涉到他们的利益时。

你可以问以下问题,来分析阐述准确与否:

它是真实的吗?

我们该如何检查它是否准确?

我们该如何探寻它是否真实?

3. 精确性

一个陈述可以既清楚又准确，但不够精准，比如"小明超重了"就是如此。

你可以问以下问题，来分析陈述精确与否：

你能否提供进一步的细节？

你能否更具体一些？

4. 关联性

一个陈述可以清晰、准确且精确，但和议题无关。比如在讨论学生成绩时，因为努力程度不等同于学习质量，所以学生投入学习的时间和成绩其实没有必然的关联性。

你可以问以下问题，来分析问题是否具备关联性：

那些问题如何与议题有关？

这一观念如何与其他观念相关？

5. 深度

一个陈述可以清晰、准确、精确且具有关联性，但是却缺乏深度。比如，在讨论美国毒品问题时，回答"唯有对其说不"，就是用一种极其肤浅的方式对待一个极其复杂的问题。它没有深入到历史、经济、政治、心理、生理等方面。

你可以问以下问题，让思维更具深度：

你如何考虑问题中的各种难题？

你如何处理问题中最重要的各种因素？

6. 广度

一个推理可能清晰、准确、有关联且有深度，但缺乏广度。比如，对于美国经济改革，持保守主义和自由主义立场的人，对议题的探讨都很深，但却都只展示了问题中的一个立场。

你可以问以下问题,让思维更具广度:

我们是否需要考虑另一个观点?

是否存在看待这一问题的不同方式?

从……立场看会怎么样?

### 7. 逻辑性

思考需要将大量的思想按照某种秩序放在一起。如果这些思想组合相互支持有意义,思维就是合乎逻辑的,否则就是缺乏逻辑性。事实上,我们往往持有相互冲突的信念不自知。

你可以问以下问题,让思维更具逻辑性:

这些放在一起符合逻辑吗?

这些结论都能根据你所说的得出吗?

之前你用的是这些,现在你说的是那些,我不能理解两者何时为真。

### 8. 重要性

当我们针对各种议题进行推理的时候,我们需要聚焦于推理中最重要的信息,并考虑最重要的观念和概念。尽管很多观念都与议题相关,但绝不是同样重要,很多时候思考失败就是由于把握不好轻重缓急。

你可以问以下问题,来分析问题是否重要:

针对这一议题,我们需要的最重要的信息是什么?

在某个背景中,为何那个事实很重要?

### 9. 公平性

你可以问以下问题,来分析思维是否公平:

对于给出的证据,我的思维公平公正吗?

这些预设公平吗?

当我们运用思维标准分别检查推理的九大要素，就能发现思维中现存的一系列问题。当完成了检查清单，我们也就拥有了强大的思维工具。

节假日之际，我们仍要把时间利用起来，学无止境，阅读是不能少的。这里给学生们推荐"回溯阅读"世纪书单：

至少 2000 年前：柏拉图、色诺芬、亚里士多德、埃斯库罗斯、阿里斯托芬的著作。

3 世纪：阿奎纳、但丁的著作。

4 世纪：薄伽丘、乔叟的著作。

5 世纪：伊拉斯谟的著作。

6 世纪：马基雅维利、切利尼、塞万提斯、弗朗西斯·培根、蒙田的著作。

7 世纪：弥尔顿、帕斯卡、德莱顿、洛克、约瑟夫艾迪生的著作。

8 世纪：潘恩、杰斐逊、亚当斯密、富兰克林、蒲柏、埃德蒙伯克、爱德华·吉本、塞缪尔·约翰逊、笛福、歌德、卢梭、威廉·布莱克的著作。

19 世纪：简·奥斯汀、狄更斯、左拉、巴尔扎克、陀思妥耶夫斯基、弗洛伊德、马克思、达尔文、约翰·亨利·纽曼、托尔斯泰、勃朗特姐妹、艾略特、弗兰克·诺里斯、哈代、埃米尔·杜尔凯姆、埃德蒙·罗斯丹、王尔德、马克·吐温的著作。

20 世纪：安布罗斯·比尔斯、古斯塔夫·梅耶、门肯、威廉·格雷厄姆·萨姆纳、威斯坦·休·奥登、贝尔托·布莱希特、康拉德、马克斯·韦伯、赫胥黎、卡夫卡、刘易斯、亨利·詹姆斯、萧伯纳、萨特、波伏娃、弗吉尼亚·伍尔芙、威廉·亚伯曼·威廉斯、阿诺德·汤因比、查尔斯·赖特·米尔斯、加缪、薇拉·凯瑟、罗素、卡尔·曼海姆、托马斯曼、爱因斯坦、丘吉尔、威廉·J. 莱德勒、帕斯卡、埃里克霍弗、尔文·戈夫曼、菲利普·阿吉、约翰·斯坦贝克、维特根斯坦、福克纳、塔尔科特·帕森斯、皮亚杰、莱斯特·瑟罗、罗伯特·海尔布隆纳、乔姆斯基、雅克·巴尔赞、拉尔夫·内德、玛格丽特·米德、马林诺夫斯基、波普尔、罗伯特·莫顿、皮特·伯格、米尔顿·弗里德曼、雅各布·布朗诺夫斯基、阿尔伯特·艾利斯的著作。

## 会让你越来越"穷"的3种直觉思维　10

近两年有个被用烂了的词,叫"消费升级"。但在我看来,真正升级的不是消费者的口袋,而是商家的套路。

为什么这么说呢?不妨先尝试思考以下问题:

一、为什么说消费的本质不是购买价值,而是价格?

二、为什么我们会买一些自己根本不需要的东西?

三、为什么越是需要排队购买的商品,人们的价格容忍度却越高?

四、到底是什么在影响你的每一次消费决策?

五、为什么买了不需要的东西,你却觉得"物超所值"?

同样的东西,在不同的地方会有不同的价值。比如前两天,我陪家人逛宜家,出来的时候随手买了一套149元的马克杯。毕竟来都来了,总不能空手而归。除此以外,之所以顺带买了马克杯,还因为相比周遭环境里其他的高额单价商品,149元买6个马克杯简直不能再"划算"了。

然而,当我刚从付款台走出大门时,家人却来了一句:"这不是我前两天在淘宝要买的杯子吗?你当时明明说不需要啊。"我回想了一下还真是。于是弱弱地问了一句:"这杯子在淘宝多少钱啊?"家人回答:"59块钱6个。"你看,明明同样的东西,当你给它不同的参考背景,往往就会凸显出不同的价值。从心理学角度而言,这叫作"参照依赖"。即:我们多数人对于得失的判断,并不取决于对象的绝对价值,而是取决于心理上设定的参照点。换句话说,影响我们对价格进行决策的,有时候并非是商品的实际价值,而是"消费者剩余"。

就像马歇尔曾在《经济学原理》一书中指出:"一个人愿对某件商品所付出的价格,最终取决于他的心理预期,而并非商品的实际售价。"这就好比我宁愿在宜家里买 149 元的马克杯,也不愿在淘宝上花 59 块钱买马克杯,这是因为我在宜家那里分泌了更多的"消费者剩余"。

这也就是为什么据说 Hermès 在全世界,每 38 秒就会卖掉一条丝巾?因为除了其本身的美观外,相比它动辄几万块钱的包包,三五千就能买到一款顶级奢侈品,对很多人来说简直不能再"划算"了。

为什么说相比价值本身,人们更在意的是"出场顺序"?

人们常说:在爱情里,恋人的出场顺序很重要。如果你一开始遇到对的人,那么往后各个是渣男;如果你一开始遇到的是渣男,那么往后各个都是对的人。同样的道理,在日常消费中亦是如此。

比如,翻开餐厅里的菜单,里面的价格往往是从高到低排序。为什么呢? 因为据消费心理研究发现:如果商家按照从高到低排列价位,那么消费者便更容易购买价格较高的产品。

美国科罗拉多大学的营销团队曾做过一个实验,他们在夜店观察消费者购买啤酒的情况。在他们选定的夜店有两种酒单的设计:一种是啤酒价格由高至低,另一种是啤酒价格由低至高排列。整个研究为时 8 周,然后由服务员悄悄纪录消费者啤酒购买的情况。统计结束,总共卖出 1195 瓶啤酒。

结果发现:

一、由低至高的菜单,消费者购买啤酒的均价是 5.78 美金。

二、而价格由高至低的菜单,消费者购买啤酒的均价是 6.02 美金。

后者比前者的均价高出 0.24 美元。

为什么会发生这种现象呢？心理学上，这被称之为"沉锚效应"。

意思是说，人们在对某种事物做出判断时，非常容易受到第一印象或者是第一信息的支配，就像沉入海底的锚一样把人们的思想固定在某处。而以上将我们思维深深框住的第一印象（比如价格的高低），也就被称作影响我们进一步行为的"锚点"。所以，消费者在购买商品时，往往会因第一眼看到的价格而形成对商品价值的推论。

当他第一眼看到的价格越高，随后的价格敏感度就越弱；当他第一眼看到的价格越低，随后的价格敏感度就越强。换言之，当商家的价格是从低到高排列时，消费者每往下看一个商品，在他心里损失的是价格，因此为了降低这种损失，他会在一开始就购入较低价的商品；但如果商家的价格是从高到低排列，消费者虽然看到商品越来越便宜，但在潜意识里则会觉得商品的质量也在逐渐下降，因此便更有动机去买较高价的商品。

从前租房子的时候联系中介带我看房，后来看得多了便发现一个细节。

通常情况下，当我大概描述出一个租房需求时，多数中介总会先带我去看一个高出预算很多的（豪华）房子，然后再带我去看一间便宜很多的（糟糕）房子，最后才会带我去看一个比我预算需求稍高（但在接受范围内）的房子。因此，我每次花出去的实际费用都会比心理预期高一些。这就是典型的"沉锚效应"。

当然，沉锚效应也不全是缺点，它还能反过来成为我们日常中说服他人的绝佳利器。比如，你是一家餐厅老板，因为最近菜价上涨而头疼，但又害怕一提价消费者会有意见。怎么办？这时候，你可以试试将"提高价格"的说法，改为"取消原有折扣"，这样或许可以大大降低消费者的心理损失。

又如，很多公司为了杜绝员工迟到，会在明文规定上写着："若迟到 XX 次以上，将扣除 200 元全勤奖。"这种方法不但没起作用，反而引来不少员工抱怨。所以，后来有的公司便做了调整，把上述的规定改为："如果每天都不迟到，当月奖励 200 元全勤奖。"于是，迟到者锐减。

这便是"沉锚效应"的进一步延伸，在心理学上也称之为"语义效"。即同样一件事情，不同的表达，对方的理解和行动也会截然不同。

为什么排队时间越长，人们花出去的钱反而越多？

在这个分秒必争的时代，我们总说"时间就是金钱"，可为什么还会有很多人心甘情愿把时间用来去等待呢？

比如，有人在三里屯排 2 个小时队只为了买杯喜茶；

比如，有人凌晨 4 点蹲在苹果店门口等待抢 Iphone X；

比如，有的超市清仓打折引来无数背着行李箱扫货的广场舞大妈……

正如你所了解的，之所以有人会排队，本质上是因为"从众心理"。而且当你所掌握的信息越少时，我们越会展示出明显的从众行为，从而让大多数人的行为成为一种颇具说服力的证据。

然而你知道吗？当我们加入了从众者的行列后，它还会让我们产生一种"多买多得"的消费冲动。比如很多人到折扣商场里买衣服，当看到收银台前排着长长的队，往往就会忍不住往购物筐里多塞几件。

为什么排队会引发更多的购买呢？因为当我们消费时，投入的不仅仅是金钱成本，还有时间成本。而排队的消费者觉得自己既然已经投入了时间成本，想办法从其他的地方"赚"回来。换言之，他们会想："既然排了这么久，不如多买一些吧。"所以从某种程度上而言，更多的消费，反而成了很多人降低单位时间成本的安慰剂。

除此以外，花了大代价（比如排队）购买的商品，往往会获得我们更高的评价。这种直觉性思维，在心理学上叫做"禀赋效应"。所谓"禀赋效应"，就是当个人一旦拥有某项物品，那么他对该物品价值的评价要比未拥有之前大大增加。

比如为什么家长们都觉得自己家的娃好看？因为从某种角度而言，孩子就是家长亲手缔造出的产品，付出的心血越多，对其的评价也就越高。同样道理，当我们购买一件商品时，为之所付出的综合成本越高，往往对其的评价也就越高。

好比我有个朋友，之前他独自去撒哈拉沙漠旅行，回来时带了一把沙子，放在家里装进精致的瓶子里好好保藏。反之，他还有一块别人送他的昂贵翡翠，他却将其放在了凉台花盆旁的一个角落。在外人眼里，那块翡翠可比沙子值钱多了，可对他而言，显然一把沙子的代价才更加昂贵。

因此看来，之所以很多商家会花重金雇人排队，不单能吸引更多的顾客，还有可能刺激到消费者掏出更多钱。

除此之外，"禀赋效应"还能为我们带来什么启发？许多商家都喜欢搞免费试吃、免费试用的活动，尤其在互联网，几乎所有在线的商品一开始全都免费。为什么大家要这么做呢？除了竞争因素的考量外，免费可以产生两个直接效果：

一、让用户更快地参与；

二、让用户在无意识下付出（行为）成本。

在商业中，这也叫作"宜家效应"，即很多人愿意购买宜家的商品，并非因为它真的便宜，而是人们更愿意享受DIY产品后所获得的成就感。

总结来说，所谓的消费升级，其本质上不过是一场人性物欲的升级。所以，当你面对眼花缭乱的logo，以及五花八门的商品时，不妨静下心来想一想，到底对你而言，什么是真需求，什么是伪需求？

或者，你也可以了解更多的消费心理，让它成为你纵横商海的利器。

## 最可怕的敌人，就是没有坚强的信念　11

　　任何的限制，都是从自己的内心开始的。在一个崇高目标的支持下，不停地工作，即使慢，也一定会获得成功。卓越的人的一大优点是：在不利与艰难的遭遇里百折不挠。

　　伟人与常人最大的差别就在于珍惜时间。成功的关键在于我们对失败的反应。生命对某些人来说是美丽的，这些人的一生都为某个目标而奋斗。

　　即使行动导致错误，却也带来了学习与成长；不行动则是停滞与萎缩。顽强的毅力可以征服世界上任何一座高峰。机遇对于有准备的头脑有特别的亲和力。

　　人的生命似洪水在奔流，不遇着岛屿、暗礁，难以激起美丽的浪花。要改变命运，首先改变自己。我们若已接受最坏的，就再没有什么损失。

　　在生活中，我们跌倒过。我们在嘲笑声中站起来，虽然衣服脏了，但那是暂时的，它可以洗净。放弃该放弃的是无奈，放弃不该放弃的是无能；不放弃该放弃的是无知，不放弃不该放弃的是执着。

　　人的一生没有一帆风顺的坦途。当你面对失败而优柔寡断，当你动摇自信而怨天尤人，当你错失机遇而自暴自弃的时候，你是否会思考：我的自信心呢？其实，自信心就在我们的心中。

　　只要有坚强的意志力，就自然而然地会有能耐、机灵和知识。成名每在穷苦日，败事多因得意时。能够岿然不动，坚持正见，渡过难关的人是不多的。害怕时，把心思放在必须做的事情上，如果曾经彻底准备，便不会害怕。

去做你害怕的事，害怕自然就会消失。最可怕的敌人，就是没有坚强的信念。

只要持续地努力，不懈地奋斗，就没有征服不了的东西。觉得自己做得到和做不到，其实只在一念之间。坚强的信念能赢得强者的心，并使他们变得更坚强。

# 有才的人全败给"傲"；平庸的人皆输在"懒"！ 12

曾国藩一生说过无数经典的道理，唯独这一句最让我欣赏：

天下之才人，皆以一傲字致败；

天下之庸人，皆以一惰字致败。

## 一、有才之人皆败于傲慢

有个词叫：恃才傲物。

我见过很多有才能的人，他们真的很有才，让人敬佩。但是他们几乎各个都很傲慢，无一例外。

有才的人都不缺少聪明才智，都能很快发现机会和思路，唯一导致他们失败的，就是因为他们傲慢……

他们总是不把别人放在眼里，认为自己已经很了不起，在别人身上学不到东西，所以一旦傲慢就会自负自大、故步自封，陷入自我膨胀里不可自拔，但任凭人劝阻、提醒都不听从，甚至无药可救，这就必然导致失败。

再从另一个角度去看，傲慢的人虽然聪明，智商都很高，但是往往情商都很低，争取和获得众人心的能力不强，该低头时不低头，最后也容易导致灾祸。

杨修很有才，也很孤傲，他太孤独了，以至于总想展示自己的才能，结果到了哗众取宠的地步，曹操看着实在不爽，把他杀了。

另外，即便你的领导容得下你，你的同事也未必容得下你。比如许攸在官渡之战中立了很大功劳，所以在军中很傲慢，后来甚至经常唤曹操的小名，说"阿瞒，我功劳最大"。虽然许攸从小就和曹操要好，但是曹操手下的许褚就看不下去了，找机会把许攸杀了。

还有一句话是这样说的：当一个人不屑于掩盖自己的愚蠢时便是傲慢了。一个人应该学会遮掩自己的锋芒。真正的才能和智慧，是知道自己不知道，从而不断地学习和进取。水往低处流，当你把姿态降到最低的时候，虽福未至但祸已远。

所以，这个时代很浮躁，每一个人都很需要被认同。于是很多人稍微有点成就就会飘起来。而那些有才而又低调，有功而又谨慎，有成就而又谦卑的人，才是真正的大才！

## 二、平庸之人皆败于懒惰

我也见过很多资质平平的人，他们之所以一直碌碌无为，不是因为他们的才能不够，而是因为他们真的太懒了。

如今这个时代，大部分人的理想无非是能过上这样的生活：

钱多事少离家近，位高权重责任轻；

睡觉睡到自然醒，数钱数到手抽筋；

逢年过节拿奖金，别人加班我加薪；

喝茶看报好开心，副业兼差薪照领。

这就是很多人向往的安逸，很多人把这种生活状态当成一种目标，其实这叫懒惰，也叫不劳而获。

你以为那是休息，是福气；但实际上它是无聊，是倦怠，是消沉；它磨平了你的性格，磨灭了你的希望，而且使你心胸日渐狭窄，对人生也越来越迷茫。活着，如同一具行尸走肉。

这也是世界上平庸人的现状：好逸恶劳、幻想不劳而获，总想去投机取巧，最后往往一事无成。

相反，也有很多平凡的人，他们在固定的岗位上，认认真真、兢兢业业地去做一件事。很多极致的产品、作品都是这样被打磨出来的。

有一个著名的"一万小时定律"：一万小时的锤炼是任何人从平凡变成世界级大师的必要条件。要成为某个领域的专家，需要一万小时。按比例计算就是：如果每天工作八个小时，一周工作五天，那么成为一个领域的专家至少需要五年。人们眼中的天才之所以卓越非凡，并非天资超人一等，而是付出了持续不断的努力。

达·芬奇画画是从一只只鸡蛋开始的。他日复一日，年复一年，变换着不同角度、不同光线，时间一定不会低于一万个小时，从而打下了扎实的基本功，这才有了后来的世界名画《蒙娜丽莎》《最后的晚餐》。

所以，平凡的人只要肯下苦功夫，一定可以创造出奇迹。

再换个角度：如果一个人心甘情愿地花无数精力去练习某一个特定的工作技巧，一定不是寻常之辈，这就是平凡中的不平凡。也就是所谓的"匠心"，有了匠心一定能锻造出非凡的成就。

这就是平凡和平庸的区别：

我们可以平凡，但不能平庸！

有才的人最怕傲，无才的人最怕懒。这里的"傲"和"懒"也反映了一个人的德行：

有才而不傲慢，必定是"德"在压着。

无才却很努力，必须是"德"在撑着。

# 13 请告诉孩子：
## 不读书，
## 换来的是一生的底层！

现在的孩子津津乐道于几个文化不高，但事业有成的名人，用于堵住家长苦口婆心的嘴。

然而事实是：

这样的人只是少数，大多数不爱学习的孩子，长大之后却发现，自己用几年疯狂的青春，换来了一生的卑微与底层。

现在有些孩子谈到读书，谈到吃苦，犹如谈虎色变，唯恐避之不及。

一帮不学无术的女孩聚在一起，号称所谓的姐妹，以为有了姐妹就有了全世界。他们在一起聊好吃的、聊穿的、聊化妆品，想的是网上购物、刷微信、刷微博、追韩剧。

而一帮无所事事的男孩聚在一起，号称所谓的哥们儿，以为有了哥们儿就有了天下。他们在一起逃课、抽烟、打扑克、玩游戏、看玄幻电影，甚至约架……

以为这就是疯狂，这就是该有的青春。

他们看不起那些不会化妆、不会打扮、一天到晚只知道读书的好学生。还骂那些好学生是书呆子，骂他们傻，只知道读书。

殊不知，两三年后，好学生上一本，上 211，上 985，甚至上清华北大，而他们却要考虑去三本，去高职高专，甚至考虑要不要南下打工。

有一段父子之间的经典对话，告诉了我们努力读书和不读书的大不同。

儿子刚上学不久就问当农民的父亲，人为什么要读书。

父亲说，一棵小树长一年的话，只能用来做篱笆，或者当柴烧。

10年的树可以做檩条。

20年的树用处就大了，可以做梁，可以做柱子，可以做家具。

一个小孩子如果不上学，他7岁就可以放羊，长大了能放一大群羊，但他除了放羊，基本上干不了别的。

如果小学毕业，在农村他可以用一些新技术种地，在城市可以到建筑工地打工，做保安，也可以当个小商小贩，小学的知识够用了；

如果初中毕业，他就可以学习一些机械的操作了；

如果高中毕业，他就可以学习很多机械的修理了；

如果大学毕业，他就可以设计高楼大厦、铁路桥梁了；

如果他硕士博士毕业，他就可能发明创造出一些我们原来没有的东西。

"知道了吗？"

儿子说："知道了"。

爸爸又问："放羊、种地、当保安，丢人不丢人？"儿子说"丢人"。

爸爸说："儿子，不丢人。他们不偷不抢，干活赚钱，养活自己的孩子和父母，一点也不丢人。不是说不上学，或上学少就没用。就像一年的小树一样，有用，但用处不如大树多。不读书或者读书少也有用，但对社会的贡献少，他们赚的钱就少。读书多，花的钱也多，用的时间也多，但是贡献大，自己赚的钱也多，地位就高。"

那次谈话给儿子留下了极深的印象，从此儿子在学习上不需要威逼更不需要利诱，就会做出最好的选择。

恰同学少年的你们，在最能学习的时候你选择恋爱，在最能吃苦的时候你选择安逸，自恃年少，韶华倾负，不知道青春易逝，再无少年之时。

什么叫吃苦?

当你抱怨自己已经很辛苦的时候,请看看在西部的那些穷孩子,他们饭吃不饱,衣穿不暖,冻着脚丫,啃着窝窝头的情形。

请想一想几十年如一日起早贪黑的老师们。

请你对比一下那些透支着体力却依旧食不果腹的打工者,还有你们的爸妈! 在有空调、有热水喝的教室里学习能算吃苦?

在有空调、能洗热水澡的寝室里休息算是吃苦?

有爸妈当"太子伴读"、衣来伸手饭来张口的你能算吃苦?

著名作家龙应台在给儿子安德烈的一封信中这样写道:

我要求你读书用功,不是因为我要你跟别人比成就,而是因为,我希望你将来拥有更多选择的权利,选择有意义、有时间的工作,而不是被迫谋生。

是啊,如果你优秀,你便拥有了大把的选择机会,否则你只能被迫谋生。读书虽然不能带给我们更多的财富,但它可以给我们带来更多的机会! 可能有的同学会问,我现在努力,还来得及吗?

我的回答是:

"我说来不及,你就不学了吗?"

我们应该把重心从问"来不来得及"转到用功学习上来。

有时候你想得越多,越什么事都干不成。

认准目标就静下心来干,总会有结果。

所以接下来的时间,无论是高一、高二,还是高三的同学们,不要问什么时间够不够,什么基础行不行。

这些都是次要的,最主要的是你要从现在开始吃苦,开始用功。

孩子,如果老天善待你,给了你优越的生活,请不要收敛了自己的斗志;

如果老天对你百般设障，更请不要磨灭了对自己的信心和奋斗的勇气。

当你想要放弃了，一定要想想那些睡得比你晚、起得比你早、跑得比你卖力、天赋还比你高的牛人，他们早已在晨光中跑向那个你永远只能眺望的远方。所以，请不要在最能吃苦的时候选择安逸，没有谁的青春是在红地毯上走过。

既然梦想成为那个别人无法企及的自我，就应该选择一条属于自己的道路，付出别人无法企及的努力！

所以，我们不能在该读书的时候选择放弃，要在该读书的年纪珍惜和努力！

## 14　不要用你的视角去分析判断别人

卡尼尔和弗拉茨是美国一所小学的老师,她们和南非一个贫困小镇的一所小学建立了友谊帮带关系。

有一次,卡尼尔和弗拉茨一起,带着几位美国学生来到了那所南非的学校。卡尼尔和弗拉茨决定带南非的孩子们去山上探索自然奥秘。正当他们来到半山腰的时候,意外发生了:弗拉茨因为想拉一位南非黑人少年,结果自己失去了平衡,摔到一条足有两米深的山沟里,血流不止。

医生发现她失血过多要输血,遗憾的是弗拉茨的血型并不多见,卡尼尔和那些美国学生没有一个和她的血型相匹配。这时,卡尼尔注意到了那位始终默默站在一边的黑人少年,弗拉茨正是因为想拉他才摔下山沟的。卡尼尔走过去对他说:"试试你的血吧!"

那位黑人少年的血型与弗拉茨完全吻合!然而在医生想要拉过他的手臂抽血时,他把手一缩,怯怯地问:"你们是要抽我的血吗?"

"是的!因为只有你的血才能救弗拉茨老师!"医生告诉他说。

"我想考虑一下!"黑人少年轻声说着,把头低了下去。

卡尼尔看着那位黑人少年,在心里近乎愤怒地嘀咕:"弗拉茨老师是因为帮你才摔下山沟去的,你为她输点血也要犹豫?"

那位黑人少年低着头考虑了足半分钟,然后他慢慢地抬起头来,让所有人没有想到的是,他的眼眶里竟然噙满了泪水。他咬了咬嘴唇,把目光投向了卡尼尔说:"我同意输血,但是我想提一个请求!"

"输血救人还要讲条件？这简直太让人愤怒了！"卡尼尔心里想着。

"我只希望你们以后能常来我们的学校！"

"这还用说吗！我们当然会这样做！"卡尼尔说。黑人少年似乎得到了一个满意的答复，他把手伸向了医生，那一刻，两颗泪珠从他的眼里流了出来。几分钟后，那位黑人少年抽完血后被医生安排坐在长椅上休息。他轻轻地问卡尼尔："我想知道，我将在什么时候死去？"

"死？你并不会死去啊！你只是输出一点血，需要休息一下而已！"卡尼尔和医生几乎同时回答他说。

那一刻，包括卡尼尔和医生在内的所有人都突然明白：他在输血前的犹豫，并不是在考虑要不要输血给弗拉茨老师，而是在考虑要不要为弗拉茨老师献出生命。更加让人无法想象的是，他做出那个在他看来是要献出生命的决定时，只用了半分钟！

生活中，我们有时候会站在自己的视角去分析判断别人，甚至会自以为是随便谴责批判别人，其实，如果我们不知道别人的生活，无法对别人的酸甜苦辣感同身受，那么，就不要轻易地去指责别人或者批判别人。

这个世界的一切结果，都不是无缘无故产生的，任何人做任何事，都有他的原因和理由。任何人的生活都有不为人知的喜怒哀乐。如果不分青红皂白就急于指责和批评，很容易造成对别人的伤害。

换一个角度，你会发现并不是只有你是这个世界的主角。千人千样，每个人都有自己的故事，每个人都是自己故事里的主角，不管故事是平淡无奇，还是曲折坎坷，每个人都已经历不同的故事，或悲伤或幸福。

人生无常，谁都会有眼泪有悲伤，我们要学会欣赏和悲悯，学会善待他人，毕竟人生一世谁都不容易。

# 15　三件事决定你的人生格局

### 视野决定格局

读万卷书不如行万里路，行万里路不如阅人无数。你经历过的所有事都会影响你的人生格局。

视野决定格局，大格局成就人生。

人们常说，我们可以用一年学会说话，但是却要用一生学会闭嘴。有的人可以因为两毛钱在菜市场里跟人破口大骂，有的人即使被人误解也可以满面春风，而这两者之间的差距，就叫作格局。

决定格局最重要的一点，是视野。

当我们在二楼的时候，看到的会是满地的垃圾，而在二十二楼的时候，会将满城的风景，尽收眼底。

不同的楼层，就会有不同的视野和心态，人也一样，当我们迈入了一个新的高度，达到了更高的境界，就会有不一样的视野和胸怀。

每一个人都是在自己的视野范围内做判断，如果和井底之蛙说，天不是井口大小，它肯定认为你是个骗子，因为它看到的天就是井口大小。它的视野决定了它的格局。

不可能每个人都是含着金钥匙出生，但是我们可以通过不断进步，提升自己的格局，改变自己的命运。

而你遇过的人，读过的书，走过的路，这些就构成了你的人生格局。遇过的人：满怀感恩，有所取舍。

以欢喜心看事，事事皆为我而生；以感恩心看人，人人皆为我而来。

在每个人的生命历程中总会遇到很多人，人生的际遇并非寻常，在我们生命中出现的人就是我们今生有缘遇到的人，因此我们应该感恩生命中遇到的每一个人。

感恩亲人，感恩朋友，感恩陌生人，也感恩那些给我们带来麻烦、困扰甚至痛苦的人，是他们让我们懂得了人世间的真、善、美与假、恶、丑，是他们让我们看清了人性中的另一面，考验了我们的坚强，使我们成长和成熟。

遇到爱你的人，学会回报；遇到你爱的人，学会付出。遇到你恨的人，学会原谅；遇到恨你的人，学会道歉。

遇到欣赏你的人，学会笑纳；遇到你欣赏的人，学会赞美。遇到不懂你的人，学会沟通；遇到你不懂的人，学会理解！

感恩之外，我们还要警惕，在今后的生活中，不必把太多的人请进我们的生命里。太多人，请进生命里，若是他们走进不了我们的内心，就只会把我们的生命搅扰得一地鸡毛。

把自己宝贵的时间和精力留给自己关心的人，留给懂自己的人，别在不喜欢你的人那里丢了快乐。

摆脱没意义的饭局，乐得清静。远离看不起你的亲戚和虚情假意的朋友。

读过的书：变化气质，沉淀灵魂。

曾国藩说："人之气质，由于天生，很难改变，唯读书则可以变其气质。古之精于相法者，并言读书可以变换骨相。"

锻炼与不锻炼的人，隔一天看，没有任何区别；隔一个月看，差异甚微；但是隔五年十年看，身体和精神状态上就有了巨大差别。读书也是一样的道理，读书与不读书的人，日积月累，终成天渊之别。

一个人读过很多书，但是后来往往大部分都忘记了，这样的阅读究竟有没有意义？

其实，当我们还是个孩子的时候，吃过很多食物，现在已经记不起来吃过什么了。但可以肯定的是，它们中的一部分已经长成我们的骨头和血肉。

一个人认真读过的书其实早已融进他的灵魂，沉淀成智慧和情感，只要一个触动点，就会喷薄而出。

有人说，就算你读了那么多的书，懂了那么多的大道理，却依旧过不好这一生！

其实，读书并不一定能给我们带来现实的利益和好处，读书这个行为仅仅意味着：我们没有完全认同这个世界和现实，我们还有精神生活，还有梦想，还有追求，还在奋斗；我们还不满足，还在寻找生命的另一种可能，另一种生活方式。

读书，是为了避免被琐屑生活打磨得麻木不仁。读书，是为了成为一个有温度懂情趣会思考的人。

走过的路：一路风清，且行且惜。

古人说："读万卷书，行万里路。"

一个人所行走的范畴就是他的世界，北岛曾经这么说过。

每个人所走的路都有不同，脚下走过的，留下的都是一条截然不同的路。也不必羡慕别人的路，我过我的独木桥，你走你的阳关道。

有人说，读万卷书，不如行万里路。其实，行路也是一种阅读。读书与行路，一个读的是有字书，一个读的是无字书。读书，是在字里行间行走，古今中外在脑海里翻腾；行路，是在阅读天地万物，一草一木都被我们辨识。

在路途中，我们会经历很多，所谓见多识广，了解别人和自己，我们的心胸会变得更宽广，以更好的心态去面对自己的生活，从而扩大我们的人生格局。

人间没有永恒的风景，没有永远的人，也不必悲观，毕竟生活不止眼前的苟且，还有诗和远方。

　　生命的禅意不在一经一卷中，而在一呼一念里；心态的超脱不在一字一句中，而在一言一行里。

　　走过了，经历过了，就是人生的路，只愿一路风清，且行且珍惜！

# 16 如何一步步毁掉深度思考能力？

越来越发现媒体报道或评论同一件事情时，大部分的观点都出奇地一致，这种现象称为"思想同质化"。

我们渐渐被同质化的内容所影响，于是越来越不会深度地去思考问题，一千个人眼里只有一个哈姆雷特。

所以，趁着这个时间，发一篇旧文，再次与你分享深度思考能力的价值，愿你在未来都能收获思考带来的乐趣。

## 01

记得喜茶风靡全国的时候，有一次，经过一家商场，看到一家新开的喜茶，门口毫不意外地排着几十米的长队。

排队的人中，男女老少均有，居然还有不少穿着正装、提着公文包的白领。有些明显赶时间，频频看表，左右张望，在原地不耐烦地跺脚。

好奇心起，我观察了一遍整个队伍，想知道他们怎么消磨时间。

你猜我看到了什么？

90% 的人，在玩王者荣耀。

尽管 "Don't judge" 是我的信条，但当时还是不可抑制地产生了这样的疑问：

这些人为什么这么闲？

为什么他们愿意把大把的时间，耗费在这些事情上面？

从心理学的角度，我可以毫不费力地列举出十几条"为什么会有人愿意排队买喜茶"的机制。

但设身处地，真的让我排几个小时队，去买一杯奶茶，我还是会觉得，这实在是太匪夷所思了。

有这么多时间，看看书，不是更好吗？

## 02

1995年9月27日至10月1日，美国旧金山举行过一次会议，集合了全球500多位政治、经济精英，包括撒切尔夫人、老布什、各大顶尖企业的董事长等等。

会议的主题是什么呢？——如何应对全球化。

会上，与会者一致认为，全球化会加剧贫富差距，会使财富集中在全球20%的人手上，而另外80%的人被"边缘化"。

那么，如何化解这80%的人和20%精英之间的冲突？如何消解这80%人口的多余精力和不满情绪，转移他们的注意力？

当时的美国高级智囊布热津斯基认为，唯一的方法，是给这80%的人口，塞上一个"奶嘴"。让他们安于在为他们量身定造的娱乐信息中，慢慢丧失热情、抗争欲望和思考的能力。

他说："公众们将会在不久的将来，失去自主思考和判断的能力。最终他们会期望媒体为他们进行思考，并做出判断。"

这就是闻名遐迩的"Tittytainment"战略，由Titty（奶嘴）与Entertainment（娱乐）合成，中文译为"奶头乐"（有点三俗的译法）。

"奶头乐"战略，具体是什么呢？

**一是发展发泄性的产业。**

具体而言，包括色情业、赌博业，发展暴力型影视剧、游戏，集中报道无休止的口水战、纠纷冲突等等，让大众将多余的精力发泄出来。

**二是发展满足性的产业。**

包括报道连篇累牍的无聊琐事 —— 娱乐圈新闻、明星花边、家长里短，发展廉价品牌，各种小恩小惠的活动，以及偶像剧、综艺等大众化娱乐产业，让大众沉溺于享乐和安逸中，从而丧失上进心和深度思考能力。

一言以蔽之，那些被边缘化的人，只需要给他们一口饭吃，一份工作，让他们有东西可看，他们便会沉浸在"快乐"之中，无心挑战现有的统治阶级。

这个战略成功了吗？

目前来看，挺成功的。

## 03

是的，我说的就是一切偶像剧、明星、娱乐圈、微博热搜、暴力冲突、情绪煽动、阶级对立、低幼化游戏。

我们日常的视野中，充斥着这些信息。但这其中，99%的东西，与我们一点关系都没有，对我们也没有哪怕一丁点儿价值。

微博热搜可以买，可以冲，给够营销团队的钱，想上什么就上什么。百度新闻，绝大多数是标题党，不是哪个明星出了新戏，就是谁谁又闹了绯闻。

更别说各种资讯平台和朋友圈里疯传的推送了。

奇葩说第一季刚出来的时候，让人眼前一亮，毕竟算是一档有价值和内涵的综艺，非常难得。

但看了几期之后，你会慢慢发现，思辨开始让位于煽情，逻辑永远辩不过故事。

看实时投票，感受最鲜明的是：观众并不在乎逻辑，并不关心谁说得有理，他们只关心谁说得更声情并茂。

通常背景音乐一转，开始变成钢琴独奏，情绪酝酿起来了，票数就开始变化了。

那群选手里面，我比较欣赏的是陈铭。

无论是思考的角度，还是逻辑论证，单单论表现来说，都高出其他人不止一个档次 —— 当然并不意味着其他人水平不高，很可能只是选择的路线和策略不同而已。

但节目组苦心孤诣，一定要给陈铭安上"鸡汤王"的标签。每次他起立发言，马薇薇总会扯一句"又开始在世界中心呼唤爱了" —— 如果我是陈铭，我想，我一定不会喜欢这种感受，因为这是一种曲解和侮辱。

但为什么会这样呢？因为观众只能理解这些。

最近，知乎在讨论一个话题：如何看待越来越多的"大V"，靠爆照、编故事、抄袭段子起家，拿到几千、几万的关注。

有人说得很好：同一个人，爆照会得到 1000 个赞，写情感故事会得到 1000 个赞；讲科普专业知识，还得到编辑推荐和一帮"大V"点赞的回答，才得到不到 100 个赞 —— 如果是你，你会怎么选？

麦克卢汉说过一句话：我们创造了工具，工具反过来塑造我们。

在这里，也是一样的：我们选择了怎样的媒体，媒体就用怎样的方式塑造我们。

## 04

无独有偶，大前研一在《低智商社会》中提到，日本的新一代，正在逐渐步入"低智商社会"。他们读的书越来越幼稚，对各种谣言丝毫不会思考，很容易遭到媒体的操纵，得过且过、毫无斗志……

他甚至提到一个事情：

通过"安保斗争"，日本政府认识到，如果对过激的学生运动放任不管的话，就会导致政府下台，所以政府就从此开始实行"愚民政策"。这其中的代表性举措，就是推行"偏差值教育制度"。

大前研一这样解释道：

由于"偏差值制度"的实行，人的能力被数字化了，所以日本的学生经常会被问到"你的偏差值是多少"这样的问题。

所以他们在这个时代是不会有危机意识的。因为在他们的意识里，这个社会将来不管发生了什么事，都将由那些"高偏差值"的人来解决。自己用不着去浪费脑细胞，只要按照别人说的去做就可以了。

他们习惯于在同一班级或者是同一年级组中做比较，然后认为那些"高偏差值"的人，理所当然地就应该去政府部门工作。同样，能进入媒体工作的人也被认为是"高偏差值"的人。

所以，他们认为政府所做的一切决策都是对的，媒体所说的话也全都是可信的。

日本社会的现状就是这样。人人都把政府和媒体当作自己生活的指南。他们根本就不会去思考和反思。

这岂非也是另一种层面的"奶头乐"？

通过阻断你的希望，让你活在别人为你设定好的框架里，停止思考，失去独立的能力，越来越依赖于环境。

## 05

私下里，我跟一帮朋友聊天的时候，大家都会说：我们选择了 Hard 模式。因为，愿意深入思考，愿意看我们文章的人，本来就是小众。

大众喜闻乐见的是什么呢？

情绪、观点、立场、站队 —— 看文章就是为了放松的，最好别让我再去用脑子。

毕竟，在我们生活中，有着太多太多被人为创造出来，来吸引我们注意力的东西——偶像剧、大片、综艺、娱乐圈花边新闻、网络游戏、热点消息，诸如此类。

我们每天光是保持专注，其实，就已经是一件很困难的事情了。

拿热点资讯来说。一条APP推送，背后都是一个运营团队，群策群力，经过初稿、初审、复审等一堆环节，有着专业的消费者行为学作支撑，用尽各种文案技法，目的是什么呢？就是吸引你的注意力，点进去。

同样，一款网络游戏，背后可能是几百人的团队，用最前沿的科技，最详尽的数据，通过声、光、交互、反馈等全方位途径，在各种心理学、行为经济学、认知神经科学等理论指导下，精心打造。

目的是什么？为了创造一个虚拟空间，来消磨你的时间。

一个综艺节目，背后可能是精确到秒的台本，现场五六个机位，多次的彩排、训练，从场景到灯光到音乐，再到人物的服装、语气、动作，全部精心调制，目的就是为了让你沉浸进去，在观看的时候，忘掉时间的流逝。

而反过来，无论是学习、阅读、思考、写作，这些事情，哪一件有着这么强大的阵势？将"触及成本"降到这么低？

不存在的。

这就是消费娱乐文化为我们创造的牢笼。而我们正心满意足地，一步步走进去。

## 06

当然，我并不反对适当的娱乐，否则活得也太累了些。但是，更常见的现象是什么呢?

下班了,一身疲惫,想着"今晚要学习",忍不住还是把手伸向了手机,刷起微博,玩起王者荣耀。放下手机已是深夜,一边告诉自己"明天再努力吧",一边洗澡、洗漱,然后睡觉。

第二天,重复着跟前一天一模一样的生活。

这是很正常的。前文讲过,一切娱乐产品——影视剧、综艺、游戏,它们背后有着庞大的团队,这些团队的唯一目的,就是用尽各种手段,去降低你触及它们的"阻力"。

它们会在你视野中不断出现,用各种资讯、消息提醒你,诱导你去点击。

一旦点击了,就再也不会给你机会离开。

想一想,你已经有多久,没有真正为自己的目标做过一些事情了? 这里面最严重的是什么呢?

一旦你习惯了这种"低成本、高回报"的刺激,你就很难去做那些"高投入"的事情了。

人的阈值,是会不断升高的。

所以,这个时代,我们似乎很难再产生情绪的波动,很难去投入到一样东西上面,很难专注去做一件事情。

因为,我们的大脑已经被周围的环境,塑造成了一个"高刺激阈值"的对象。

习惯了轻而易举能获得大量愉悦感,你就会慢慢对这种愉悦感脱敏。

久而久之,这种强度的愉悦感已经满足不了你了,你需要更高强度、更持续、更深入的刺激。

相对而言,愉悦感更少,付出更高的行为 —— 比如学习、阅读思考 —— 自然也就没有人愿意去做。这样下去会有什么后果?

公众们将会在不久的将来,失去自主思考和判断的能力。最终他们会期望媒体为他们进行思考,并做出判断。

这是一个很可怕的事情。

## 07

最后,我想给你几个建议:

**一、拒绝低幼化的语言刺激**

什么是低幼化的语言刺激?绝大多数的网络流行语都是。诸如"我也是醉了""666""扎心"……

为什么这样说?因为,语言塑造了我们的思维。

我并不是说「牛逼」就一定不如"厉害""优秀""出色"。但如果有一天,我们要表达"厉害",只会说"牛逼",这岂不是很可怕?

日常生活中,尽量拨出一定的时间,看有深度的、优秀的书籍和文章,保持自己对语言的理解和运用能力。

谁掌握了语言,谁就掌握了思想。

**二、拒绝抢夺注意力的低劣产品**

如果可以,拒绝从众,拒绝那些肤浅的综艺、影视剧、热点消息、娱乐圈资讯,只看最优秀的作品。

什么是最优秀的作品?至少,是有突破性的,不反智的,引发思考的,有诚意的,需要动脑子的 ——《黑镜》就很不错,《权力的游戏》也还可以。

不要让自己成为"愉悦感"的奴隶。

不动脑子,能带来短期的愉悦和轻松,但长期来看,它只能导向空虚和无聊。

### 三、为自己设定有意义的目标

找到一件有长期收益的事情,并从中获得幸福感 —— 这是一件你需要在 30 岁前做到的事。

很多人问我:"你不看剧,不看电影,不看综艺,不聚会,不玩游戏,你平时究竟都干些什么?"

我说:"学习啊。"

他们问:"不会觉得无聊吗?"

每每获得一个新知识,每每将新知识纳入自己的思维体系,所带来的快感是无与伦比的,怎么会感到无聊呢?

所以,请找到一件能够带给你长期收益和幸福感的事情,把它安排进每天的日程中。

不需要追求物质收益,也不需要苛求成为领域专家,它的意义,是帮助你对抗慵常、平凡、索然无味的日常生活。让你保持头脑的清醒。

这就足够了。

## 17 花时间与自己相处，享受我们的人生

在纽约这种大城市开出租车肯定充满许多有趣或奇怪的经验。在热闹喧嚣的"不夜城"里，黄色出租车将乘客从这个地方载到那个地方，面对形形色色的人和各式各样的要求。

一名纽约的出租车司机，某日就接到一通奇怪的乘客叫车，这次的经验让他印象深刻、感慨许久，于是在网络上匿名分享这个经验：

我接到电话，要前往一个地址载客。到达地点后，我按了按喇叭，但没有人出来。我打了电话，但电话没有通，我开始有点不耐烦。这是我下午准备接的最后一单，很快就要到休息时间了。我几乎已经放弃，准备直接开走。但最后想了想，还是留了下来。我等了一会儿，下车按了门铃。不久后，我听到一个苍老、虚弱的声音说："请等一下！"

我在门口等了一阵，大门才慢慢打开。我看见一个娇小的老太太站在那里，我猜她至少90岁了。她手上拿着一个小行李箱。我向内瞄了一眼，惊讶地发现公寓内的景象。那里看起来简直像没人居住，所有家具都盖上了布，四面墙光秃秃的，没有时钟、没有装饰、没有照片或画，什么都没有。我只看到角落堆了一个箱子，里面都是老照片和纪念品。

"年轻人，可以麻烦你帮我把行李箱拿上车吗？"老太太说。我将行李放进后车厢，然后回来扶着她的手臂，带她慢慢下楼走向车子。她感谢我的帮忙。

"应该的"我说"我对乘客都像对我自己的妈妈一样。"老

太太笑了，"噢，你真的很好。"她说。她坐进车内，给了我一张地址，并要求我不要走市中心的路。"但那样就无法走快捷方式了，我们会一直绕道。"我向她说。"没关系，我不赶时间。"她回答，"我要去的是安宁疗养院。"

她的话让我有些吃惊。"安宁疗养院不就是老人等死的地方吗？"我心里想。"我没什么亲人，"老太太继续说，"医生说我剩下的时间不多了。"那一瞬间，我决定关上里程表。"所以我应该怎么走？"我问道。结果，接下来的两个小时，我们都在城市近郊穿梭。在车上，她指给我看她曾做过柜台的饭店。

我们经过许多不同的地方，她和丈夫早年住过的房子，还有一个她年轻时曾去的舞厅。

经过某些街道时，她也会请我开慢点儿，好奇地从窗户内张望，什么话都没有说。我们几乎绕了整个下午和傍晚，直到老太太终于说："我累了，我们前往目的地吧。"在开往疗养院的路上，我们一句话都没有说。安宁疗养院比我想象得还小。抵达后，有两名护士出来迎接我们。她们拿来一张轮椅，我则搬着老太太的行李。"所以这趟车总共多少钱？"她一边问，一边翻找着手提包。"不用钱。"我回答。"但你也要养家。"老太太说。"还会有其他乘客的。"我笑着对她说。我几乎来不及思考，就给了她一个拥抱。她紧紧抱住我，"你让一个人生几乎走到最后几步路的老人，感到十分幸福，谢谢你！"她红着眼眶说道。我和她握了手道别。回程路上，我发现自己在市中心漫无目的地四处游荡。我不想和任何人说话，也提不起载客的精神。我一直思考，如果当初我没等到她，如果那时我找不到人，就直接开走了，她该怎么办？

现在当我回想起那一天，我仍然相信我做了重要且正确的决定。我们的生活中，总是不停地被忙碌轰炸。我们得做更"重要"的事，更快、更有效率。但这位老太太，让我真正体会到了那安静、有意义的片刻。同时也让我感伤，人生最后旅程的那种孤独和怅然。

我们必须花时间与自己相处，享受我们的人生。我们应该在急忙按喇叭前，更有耐心地等待。然后，或许我们才会看到，真正重要的事情。

# 18　无知让人看不清自己，也看不清世界

哈佛大学前校长德里克博克，是美国当代知名的法学、社会学、高等教育学家，在教育界享有盛名。他曾在哈佛大学担任20年的校长职务。

他说过一句名言：

"If you think education is expensive,try ignorance!"

——如果你认为教育的成本太高，试试看无知的代价。

巴菲特的黄金合作伙伴，查理·芒格，在他的《穷查理宝典》中一再强调终生学习的重要性，其中写道：如果不终身学习，我们将不会取得很高的成就。光靠已有的知识，我们在生活中走不了多远。

是的，不知道什么时候开始，整个社会都在给人们讲述这样一个奋斗努力的故事，告诉所有人你不努力就一定不行。

事实上，谁都清楚，当下不努力有多爽！

当下不加班，回家吃好吃的打游戏有多爽！

当下不做饭，点个外卖刷淘宝有多爽！

当下不学习，在被窝打游戏有多爽！

任何年龄的人都会在放纵中找到欢愉，哪怕是病危的病人，也会因为偷偷地抽支烟觉得爽上了天！甚至在拿生命放纵，可这种放纵就是很爽！

好的，不努力，不逼孩子学习，快快乐乐傻玩，把学习的时间用来打游戏，用来旅游。

和那些整天陪孩子学习上课，在学习上跟孩子死磕的家长相

比，简直是天堂一样的人生。

可你确定，你能够忍受你孩子的平凡，你的孩子能够接受自己是个普通得不能再普通的人吗？

孩子的幸福来自于什么？

提到幸福这么哲学的东西，事实上有些难辨，但我们不得不提一提，毕竟这是所有父母的终极目标。什么高学历、好工作、高收入等等，这些表象的背后都是父母希望孩子幸福的心意，那什么真正决定了一个人的幸福呢？

很多作家都有过诠释和解释，如果你阅读得足够多，你会发现，幸福一定跟两个指标密切相关——尊严和自由。

尊严不用讲了，与一个人的德行和社会地位密不可分，光是德行好并没用，你所处的阶级会深深影响到你得到的尊严，这是阶级的定律。

自由呢？人都有自由意志，但是这个社会给你的自由是有限的，财富和地位很大程度决定了自由，这是我们不得不承认的，除非你期待你的孩子早早归隐山林。

你去网上看看，年轻人面对那些"二十岁就看到死的职业和人生""面对社会中的冷眼""面对我们口中的平凡人生的时候"，是有多么不满和无助。当一个年轻人因为一纸简历就遭遇了别人几十倍的失败的时候，他会想些什么呢？

别把努力想得那么功利，越无知的人，越会为自己找借口。

还记得那个道出社会真相的文科状元吗？"农村地区的孩子越来越难考上好学校，而像我这种父母都是外交官的中产阶级家庭的孩子，还生在北京这种大城市，这就决定了我在学习时能走很多捷径。"

句句扎心，多少人开始对现实愤愤不平，怨天尤人感慨出身，却也被它们蒙蔽住眼睛，看不见现实的另外一部分。所以很多人就拿这个当借口，说认命吧，反正努力一辈子也就这样了。

但总有另外一部分人，在这个还看不清未来的现实里，还在抛头颅，还在洒热血，还在上演热血屠龙的故事。那一部分坚持的人，从这段看不见未来的现实里脱颖而出，到了现实的另一部分。在这一部分里面，命运有很多漏网之鱼，有很多机遇之门敞开，有无数的希望精灵追随。

就像北京文科高考状元的最后一句话说的那样：有知识不一定改变命运，但是没有知识一定改变不了命运。很多人都觉得，从小努力是一件泯灭人性的过度功利的事情，为了自己的目标，剥夺了孩子的"童年"。

但事实上，除去个别的极端案例，所有的努力跟功利毫无关系，恰恰是正确的选择，我们经常可以看到这样的统计：

一份 500 名上市公司高管的教育程度调查中，84% 的高管拥有高学历，48% 出身于 985 名校。985 大学整体的师资力量比 211 大学要强很多，就不用提其他学校了。越是名校的图书馆和文献存货越优质越多，藏书量指标代表"干货量"。中国藏书量排名前十的大学均是 985 院校。此外，985 学校能够提供更多硬件设施、交流平台。

本科继续深造的话，待遇更是天差地别。很多 985 院校，推免比例非常高，高到惊人，一个班的同学有一半的人保研，甚至是一半以上。出国留学也是许多家长与学生热衷的一条"别样路"。申请国外留学时，也有一些"潜规则"，那就是看重学生的学校背景是否属于重点大学中的 985。

就业方面更不用提，以 2012 年为例：中国内地前 100 强的上市公司，超九成每年都会选择到 985、211 大学进行校园招聘；非重点（二本及以下）高校总共不足 10 家百强企业进驻过。知名企业在招聘时会更加青睐"985 院校毕业生"。虽然仅靠文凭评定有失偏颇，但如果按照能力来衡量，这个衡量成本花不起，企业也只能用一个出错概率较低的简单方式筛选。

这些，都是你忽视教育之后的代价。

而这些事情，都指向了为了人生的诸多方面，根本不是功利心，这是一个人对自己的要求和责任，这里代表着年轻人的目标和理想。只要你还在努力，人生就有无穷的可能。和时间竞争，在概率中突围，做上帝手中的"漏网之鱼"。

无知让人看不清自己，也看不清世界。

之前，"北大毕业生卖猪肉"的新闻不知道被人说了多少年，很多人觉得：北大毕业又怎么样，还不是去卖猪肉？我小学毕业，也一样卖。但他们不知道的是，那个"卖猪肉的"北大学生，叫陆步轩。而有一个叫陈生的人，最先发现了他的厉害之处：一个档口，自己一天卖一两头猪，这已经算相当了不起了。而这小子居然一天能卖十二头猪，太厉害了。陈生后来和陆步轩合作成立"屠夫学校"，再后来，他们开了几百家连锁店，陆步轩和陈生双双身家过亿。

无独有偶，秦玥飞从耶鲁大学毕业之后，去衡山县当了一名村官，很多人嗤之以鼻：一定是在耶鲁混不下去了，不然怎么可能去当一个村官呢？我大字不识一个，我也能去当一个村官。后来，秦玥飞利用自己在耶鲁的人脉资源，启动"黑土麦田"项目。利用在耶鲁学到的金融知识，引入资本和营销团队，发展村里的商务产业。于是，他成了中国最美的村官。

有一篇文章写：读了985、211，你才知道读书无用论是骗人的。985、211这些人，不仅有能力有实力进入更好的企业、平台，即使是在毫无门槛的卖猪肉卖花生、瓜子这个行业，他们也有很大概率能做得更加出色。

所谓读书无用论，所谓名校毕业生素质不行，都是考试机器，其实都是非常极端的例子。而无知的人,最喜欢扯虎皮当大旗,用极小概率的事件,去为自己辩护,并以恶意揣测他人。

不要把学习看得过于功利。那么,教育和学习的目的到底是什么呢?

是为了拿高分?考大学?不,绝对不是这样。至少,不只是这样。

读书,绝不只是为了混一张大学文凭,开启顺风顺水的世界。

读书,是为了让你成为一个有温度懂情趣会思考的人,是为了让你在跌宕起伏的生活中,拥有处变不惊的内心。

让你在未来,能独自混过那些漫长幽暗的岁月而不怨天尤人。

读书,是为了将来能和你的爱人,不止讨论柴米油盐酱醋茶,还可以谈论琴棋书画诗酒花。

再精致的花瓶都有碎掉的一天,再美好的容颜都有老去的一天,唯有你读过的书、写过的字,都会逐渐积累在你的身体里,变成你的财富。

读的书多了,你会发现,以前从未注意过的大千世界,竟然如此鲜活,手机屏幕之外,自有一番万水千山;

读的书多了,你会发现,在无涯的知识海洋面前,再大的烦恼,也只是沧海一粟。

就算最终你跌入繁琐,洗尽铅华,面对同样的工作,你也会有不一样的心境;

面对同样的家庭琐事,你会有不一样的情调;

培养同样的后代,你会有不一样的素养。

这,就是世界对努力学习、重视教育的人最大的奖励。努力很累,教育孩子很累,陪伴孩子成长很累。但这一切一定是值得的。

别怕累,别怕时间多,别怕贵,也别怕麻烦。每一种选择都有代价,千万别尝试无知的代价,会很惨。

# 19 烦恼，不是用来抗争的，是用来思考和领悟的

总有一些人，一些环境，让自己心生厌离。不要一心地认为，自己的烦恼全是因为这些人或眼前的环境。

更不要认为只要离开了这个让自己烦恼丛生的环境，到自己想象的舒心环境里，就能把烦恼送到千里之外。

想象，永远带有太多主观意识的美化。这世间，也找不到那个让你不起丝毫烦恼的桃花源。

很多时候，人们总抱怨眼前的生活不是自己真正想要的生活。可是你自以为的自己，也并不是真正的自己。

很多人都认为自己不喜欢热闹，可是在真正的孤独中，内心又是那么地向往人群，没有哪个生命不需要关怀和爱。

孤独也只是一层面纱，遮住的是一颗对生活和生命无比热爱的心。

也许，生活本身就像一片无垠的太空，既魅力四射，又危机四伏，你永远不知道它会给自己带来什么。

是万丈的霞光，还是突如其来的超音速碎片。也许，碎片没有伤害到性命，却能击垮人的意志。

绝望和恐惧胜过浩渺太空中的无边黑暗。

或许都有一段难以忘却的往事。一个难以释怀的心结，一块难以愈合的伤疤。

更糟糕的情况是走不出过去的阴影。

时光在流淌，生活却一直在原地打转，日复一日，机械地工作、生活，内心却早已是一潭死水，泛不起一点生机。

天下至为珍贵者，莫过于生命。最应珍惜者，亦莫过于生命。

世间所有之艰难困苦，不过都是为了让自己向生命靠拢，真正地与生命相融。

伤与痛，需要自己的坦然面对，苦难之前，不是逃脱是超脱。

用一种更为宽阔的视角和胸怀去超越自我的狭隘。唯有战胜自我，才能真正找到活着的意义。

不要总是把所有过错都推给烦恼。更多的时候，是我们自己紧抓住烦恼不撒手。而这又何尝不是对生命的漠视乃至亵渎？

烦恼，对生命的作用不是伤害，恰恰是为了凸显生命的重要，并引领我们去探索生命最深层的意义。

生活中的种种烦恼，就一直默默地充当着反面角色，受尽人们的埋怨和厌恶。

烦恼，不是用来抗争的，是用来思考和领悟的。

它真正的目的，只是为了锻炼你，成就你。如果认为烦恼是为了伤害而来，那是自己摆错了位置。

活着并不比死容易，活着需要勇气。活着就要好好面对受过的伤，不再以伤痛为借口虚度人生。

一切源自内心，收回伸在空中的那只明知什么也抓不到的手。脚踏实地，认真面对眼下的生活，珍惜尊重自己的生命。

唯有爱自己，才能爱他人，才能爱世界，才能爱人生。

悲和欢，都是一场坦然面对。无论是人生的何种处境，都告诉自己：I am ready（我准备好了）。

用最大的勇气活着、活好，是对生命最高的尊敬。每个人都能好好地活着，就是这个世界存在的最大意义。

## 20 一个人真正的敌人，是自己的惯性思维！

一个人真正的敌人，是自己的惯性思维！

什么叫惯性思维？即指思维定式，人们在考虑研究问题时，总是用固定的模式或思路去进行思考与分析，从而解决问题。

固有的东西是很难打破的，这也是经过历史证明的。每次改朝换代，无一不是用血的代价换来的。但正所谓"不破不立"，要想突破自己，就一定要打破固有的、惯性的思维！

否则，连自己的思维都还被禁锢在旧有的陈腐里，如何能挑得起历史赋予我们的责任？如何担得起对社会财富进行重新分配的重任呢？

1901年，伦敦举行了一次"吹尘器"表演，它以强有力的气流将灰尘吹起，然后收入容器中。而一位设计师却反过来想，将吹尘改为吸尘，岂不更好？根据这个设想，研制成了吸尘器。

在工作中发挥逆向思维的威力，就会多一个解决工作中遇到的问题的方法。

一、曼德拉曾被关押27年，受尽虐待。他就任总统时，邀请了三名曾虐待过他的看守到场。当曼德拉起身恭敬地向看守致敬时，在场所有人乃至整个世界都静了下来。他说："当我走出囚室，迈过通往自由的监狱大门时，我已经清楚，自己若不能把悲痛与怨恨留在身后，那么我仍在狱中。"

启发：原谅他人，其实是升华自己。

二、14岁的李嘉诚开始"行街仔"的推销生涯，从此渐入佳境，直至连续15年蝉联华人首富宝座。他这样工作：不论几点睡觉，一定在清晨 5 点 59 分闹铃响后起床。随后，他听新闻，打一个半小时高尔夫。他认为重点是打每一球时都保持冷静，有规划。一定在每天 18 点下班，回家后，除了拨打越洋电话，还有两件必修功课：跟着有字幕的英语节目大声朗读，以及夜晚的阅读。这两个工作都意味着一点：他最大的恐惧在于错过见证世界的变化。

**启发：成功除了勤奋、创新，还有另一个朋友——危机感。**

三、事业初创期，被女友劈腿；成立公司遭遇失败，被封"烂片之王"；即使这样，他也不放弃对事业的追求，就像一架永不停歇的发动机。今天的刘德华似乎已经成为了一面迎风不倒的精神旗帜，被所有的媒体神化的一个艺人，都说他勤奋、他努力、他不会干坏事，他可以不吃、不眠、不喝，光靠呼吸就可以活到 52 岁。

**启发：当前后左右都没有路时，命运一定是鼓励你向上飞了。**

四、有个老人爱清静，可附近常有小孩玩，吵得他要命，于是他把小孩召集过来，说：我这很冷清，谢谢你们让这更热闹，说完每人发 3 颗糖。孩子们很开心，天天来玩。几天后，每人只给 2 颗，再后来给 1 颗，最后就不给了。孩子们生气地说：以后再也不来这给你热闹了。老人清静了。

**启发：抓住人性的弱点，无事不成。**

五、夜市有两个面线摊位。摊位相邻、座位相同。一年后，甲赚钱买了房子，乙仍无力购屋。为何？原来，乙摊位生意虽好，但刚煮的面线很烫，顾客要 15 分钟吃一碗。而甲摊位，把煮好的面线在冰水里泡 30 秒再端给顾客，温度刚好。

**启发：为客户节省时间，钱才能快些进来。**

六、两马各拉一货车。一马走得快，一马慢吞吞。于是主人把后面的货全搬到前面。后面的马笑了："哈！越努力越遭折磨！"

谁知主人后来想：既然一匹马就能拉车，干吗养两匹？最后懒马被宰掉吃了。这就是经济学中的"懒马效应"。

**启发**：如果让你的老板觉得你已经可有可无，那你已经站在即将离去的边缘。

七、有人问农夫："种麦子了吗？"农夫："没，我担心天不下雨。"那人又问："那你种棉花没？"农夫："没，我担心虫子吃了棉花。"那人再问："那你种了什么？"农夫："什么也没种，我要确保安全。"

**启发**：一个不愿付出、不愿冒风险的人，一事无成对他来说是再自然不过的事。

八、一个小镇中，一位商人开了一个加油站，生意特别好，第二个来了，开了一个餐厅，第三个开了一个超市，这片很快就繁华了。另一个小镇，一位商人开了一个加油站，生意特别好，第二个来了，开了第二个加油站，第三个、第四个恶性竞争大家都没得玩。

**启发**：一味走别人的路，必将堵死自己的路。

九、一只乌鸦在飞行的途中碰到回家的鸽子。鸽子问：你要飞到哪儿？乌鸦说：其实我不想走，但大家都嫌我的叫声不好听，所以我想离开。鸽子告诉乌鸦：别白费力气了！如果你不改变声音，飞到哪儿都不会受欢迎的。

**启发**：如果你希望一切都能变得更加美好，就从改变自己开始。

十、一户人家有三个儿子，他们从小生活在父母无休止的争吵当中，他们的妈妈经常遍体鳞伤。老大想：妈妈太可怜了！我以后要对老婆好点。老二想：结婚太没有意思，我长大了一定不结婚！老三想：原来，老公是可以这样打老婆的啊！

**启发**：即使环境相同，思维方式不同也会造成人生的不同。

十一、野猪和马一起吃草，野猪时常使坏，不是践踏青草，就是把水搅浑。

马十分恼怒,一心想要报复,便去请猎人帮忙。猎人说除非马套上辔头让他骑。马报复心切,答应了猎人的要求。猎人骑上马打败了野猪,随后又把马牵回去,拴在马槽边,马失去了原先的自由。

**启发:** 你不能容忍他人,就会给自己带来不幸。

十二、人骑自行车,两脚使劲踩 1 小时只能跑 10 公里左右;人开汽车,一脚轻踏油门 1 小时能跑 100 公里;人坐高铁,闭上眼睛 1 小时也能跑 300 公里;人乘飞机,吃着美味 1 小时能跑 1000 公里。

**启发:** 人还是那个人,同样的努力,不一样的平台和载体,结果就不一样了。

世间万事万物都是相互联系的,人们掌握的知识也是多门类多学科的。因此,面对一个思维对象,不能,更不必仅仅局限于传统习惯,不能更不必死守一个点。单兵作战毕竟力量太弱,合力作战,不就威力强大了吗?

## 21 人本是人，不必刻意做人；
## 世本是世，无须精心处世

世间万物，都由心生。你面对的东西，你说是山，那么它就是山，你说不是山，那么它就不是山。同样的道理解释水，你也可以把山叫作水，把水叫作山。

这就是说一个人的人生之初纯洁无瑕，初识世界，一切都是新鲜的，眼睛看见什么就是什么，人家告诉他这是山，他就认识了山，告诉他这是水，他就认识了水。

随着年龄渐长，经历的世事渐多，就发现这个世界的问题了。这个世界的问题越来越多，越来越复杂，经常是黑白颠倒，是非混淆，无理走天下，有理寸步难行，好人无好报，恶人活千年。进入这个阶段，人是激情的，不平的，忧虑的，疑问的，警惕的，复杂的。人不愿意再轻易地相信什么。

人在这个时候看山也感慨，看水也叹息，借古讽今，指桑骂槐。山自然不再是单纯的山，水自然不再是单纯的水。一切的一切都是人的主观意志的载体，所谓好风凭借力，送我上青云。倘若留在人生的这一阶段，那就苦了这条命了。

人就会在这山望了那山高，不停地攀登，争强好胜，与人比较，怎么做人，如何处世，绞尽脑汁，机关算尽，永无满足的一天。因为这个世界原本就是一个圆，人外还有人，天外还有天，循环往复，绿水长流。而人的生命是短暂的有限的，哪里能够去与永恒和无限计较呢？

许多人到了人生的第二重境界就到了人生的终点。追求一生，劳碌一生，心高气傲一生，最后发现自己并没有完成自己的理想，于是抱恨终天。但是有一些人通过自己的修炼，终于把自己提升到了第三重人生境界。茅塞顿开，回归自然。

　　人在这时候便会专心致志做自己应该做的事情，不与旁人有任何计较。任你红尘滚滚，自有清风朗月。面对芜杂世俗之事，一笑了之，了了有何不了。这个时候的人看山又是山，看水又是水了。正是：人本是人，不必刻意去做人；世本是世，无须精心去处世；便也是真正做人与处世了。

　　一辈子做人，怎样算是做好了人？

　　一半物质，一半精神，生活便能常乐。一半尘世，一半山水，这便是人生。

　　其实，人之平凡在于，扔进沧海，谁都是一粟。人之不凡在于，每一粟身上，都有外人猜不透的故事。

　　一辈子处世，怎样算是成功的处世？

　　不如阔达的心态，人生在世，无非是让人笑笑，偶尔也笑笑别人。曾经沧海之后，再去看世情，无非是云淡风轻，不过是日升日落般的泰然了。

## 有心的人和无心的人　22

一个人只有有心准备做某件事，才会想着在这件事情上去学习和动脑子，这件事才会不断地在你面前展现你需要的一面，让你不断地有些小惊喜，直至最后的成功；而一个无心做事的人，即使好的机会来到眼前，也会因慵懒视而不见，再好的机会也会从身边溜走，就算是拿来取笑的守株待兔，那也需要一个"守"字，而有些时候自己连"守"都不愿意，兔子是不会撞到自己的脚下的。

此外，有心人在没有机会时会主动出击去创造机会，无心人当机会来临时，会主动去放弃机会。还是那句话：有志者事竟成，无志空活百岁，皇天不负有心人，天道酬勤。一砖一瓦的积累，是筑成万里长城的必然。不积跬步，无以至千里；不积小流，无以成江海。

一个人要想安心地做点事，必须抛弃尘世间的烦扰；把不相干的因素，减化到零；这些因素，包括你不想理睬的人，需要应付的应酬。

现如今的社会，除非你是社会活动家，否则酒场能推还是推，正所谓酒无好酒，宴无好宴。适度的娱乐只是为了缓解做事间隙的压力，不能当成目的去追求。最终的兴奋点与自身价值，还得在做事的成功中去谋求。

有朋自远方来不一定乐，学而时习之却真能乐。

事情无论大小，当你钻进去的时候，就会发现，皆有可乐之处，事中自有颜如玉，也有黄金屋。这就是生活状态的不同之处，有些人总觉得时间过得太慢，需要打发，有些人总觉时间过得太快，需要珍惜。

做一个思想者和行动者，而不是空想家和幻想者，天下之大，总有一可取并感兴趣之事，宜精不宜多，乐在其中，则人生相应会丰满起来，当然也不能光做事，配合着做人。

拥有经验，可以避免相同错误的再次产生。每个人都曾失败过，爬起重来时，我们要以新的姿态面对，新的思想考虑，更快迈向成功的彼岸。

## 自律的今天，充实的明天　　23

时间给懒惰的人留下空虚和悔恨，时间给勤勉的人留下智慧和力量。

初春的早晨，天空虽然万里无云，走在路上身体还是会感觉到一丝丝凉意，忽然想起昨天读二年级的女儿谈到她上课的课文《寒号鸟》，内容讲述的是：寒号鸟和喜鹊是邻居，冬天到了，勤劳的喜鹊打好了窝，而寒号鸟却说："哆，哆，寒风冻死我，明天就垒窝。"

可是第二天当寒夜过去太阳出来，寒号鸟就忘了昨天夜里自己的诺言。寒号鸟总是在天气转冷时，就想起有家的温暖，想起筑窝的必要，可是在享受温暖时，又忘了冬天的寒冷，忘了寒风刺骨的疼。

忽然想起现实生活中，其实有好多人也跟寒号鸟一样，总是把今天要做的事拖到明天，明天再拖到后天，总是在苦难来到时才想起努力改变，结果到头来一事无成，所以说如果一个人没有为自己的人生做长远的打算，平时好吃懒做又不肯付出努力，这样的人怎么可能获得幸福。我们在日常工作和学习中也是一样，只有勤奋刻苦才能获得知识，才能实现自己的远大目标。

记得小时候读书时，头发有点花白的班主任老师用蹩脚的普通话，在课堂上总对我们不厌其烦讲的一句名言"一寸光阴一寸金，寸金难买寸光阴"，要我们懂得时间的宝贵，提醒我们应珍惜时间，好好学习，做一个努力向上的好学生。那时的我们总不以为然，直到多年以后才明了班主任老师的苦口婆心。我国古代明朝状元钱福写的那首诗歌《明日歌》："明日复明日，明日何其多。我生待明日，万事成蹉跎。"诗歌中劝勉人们要牢牢地抓住稍纵即逝的今天，今天能做的事一定要在今天做，不要把任何计划和希望寄托在未知的明天。因为只有今天只有当下才是最宝贵的，我们只有紧紧抓住了今天抓住了现在，才能有充实的美好的明天，自己事业上才能有一番作为，有所成就。不然年轻时"明日复明日"到老来"万事成蹉跎"只会落得个一事无成，那时却已悔之晚矣。因此，无论做什么事都应该牢牢铭记：一切从今天开始，一切从现在开始。

所以，我们要学勤劳的喜鹊，凡事看长远一些未雨绸缪，提前做好准备和计划。所谓一分耕耘，一分收获。只要你肯付出努力，你的汗水是不会辜负你的，它一定会还给你最大的收获。

其实现实生活中，经常有一些人工作不认真，对生活、对人生抱着无所谓的态度，打发着日子，这样的人一点儿也不值得可怜，这是他自己造成的结果，就应该自己来承担。而世上是没有后悔药吃的，懒惰的人只能和课文中寒号鸟一样被自然淘汰，当然这也是大自然和社会"物竞天择，适者生存"的森林法则。

虽然这只是个简单的故事，但它告诉我们，不管做什么事都不能拖拖拉拉，不能把什么事情都留到明天再做。寒号鸟就是总说明天再垒窝，才被冻死的。所以以后大家也要改掉拖拉的毛病，今天的事就今天完成，不要拖到明天，明天还有明天的事情要完成。如果什么事都拖到明天再做，就会什么都做不成。要做一个勤劳、珍惜时间的人。

## 静坐常思己过，闲谈莫论人非　24

认识一个男生，感情空窗期 3 年了。上周，他问我身边有没有单身女孩可以介绍给他。刚好有个朋友前不久失恋，沉浸在悲天悯人的情绪中无法自拔。我便跟她打了个招呼，将她的微信推给了男生。

5 分钟后，男生发过来一句："用这种微信头像的女生，我还是不加了吧，感觉没见过什么世面。"我满脑子问号，仔细地再看了一下妹子的头像：那是她戴着一条白金项链的自拍，项链上挂着一个精致的小吊坠。

男生继续说："像这种连头像都要炫耀首饰的女生，一般都很虚荣。她们喜欢在朋友圈里发九宫格自拍：今天男友送了个名牌包，拍几张照片感谢亲爱的；明天去东南亚旅个游，从上飞机到上厕所都要全程直播；攒几个月工资买条项链，说不定还会把购物小票都发上去求赞。我不喜欢这种没见过世面又虚荣的女生，跟我肯定合不来。"

我看着这一大段文字，想到他在手机背后故作高深、满脸嘲讽的表情，不禁厌恶至极。他不知道的是，那条项链是女生的外婆送给她的生日礼物。生前最疼爱她的外婆过世之后，她就再也没换过微信头像。

生活中总有这样一类人，喜欢怀着恶意和揣测的目光去伤害别人：那个女的妆化得那么浓，还一身的名牌，一定是被包养；那个男的怎么娶了个比自己大那么多岁的老婆啊，一定是吃软饭；找对象不能找单亲家庭的，心理肯定不健康……

一个人最大的恶意，就是将自己的理解强加于别人，并一直认为自己是正确的。

列夫·托尔斯泰说："你不是我，怎知我走过的路，心中的苦与乐。"不要凭借着蛛丝马迹、只言片语就去评价别人的人生。在你看不到的角落，多得是你不知道的事。

之前，有人在网上晒出一张在海关办事窗口拍到的照片。

照片上，一位女性工作人员正在里面办公。她没有穿上班的工装，而是穿着一件黑色吊带裙。

网友在发照片的同时还配上了一行略带讽刺意味的文字："改进窗口工作作风吗？海关真是走在前列。"

他认为，那个工作人员非常不专业，穿成那样坐在窗口里，实在有碍观瞻。然而，他不知道的是，那位工作人员当天已事先请过假。她换好便服，正准备离开时，恰逢有人前来办事。为了不耽误对方，她推迟离开，临时受理了业务。没想到，本来是助人为乐，却因着装问题被拍照晒到了网上。

看过这样一句话：一个人看不惯的东西、人和事越多，这个人的境界也就越低，格局也就越小。

有些人，在对别人指手画脚的时候，总是一副万事万物了然于心的样子。然而，往往却总是没了解过具体情况，就捕风捉影、擅自下定论。

这让我想起了演员李冰冰之前发过的一条微博。

给李冰冰扎针的护士，扎了好几针都没扎准，导致她喷血，还一句道歉都没有。

微博一发，评论区炸了：中国的护士就是没素质，一定要追究护士的责任；这样的护士必须人肉出来，让她下岗……

李冰冰发现大家没有理解她那句"跨越半个地球"的意思，赶紧删除微博，重新发了一条。

看到"超级思念祖国的医护人员",大家终于知道她说的是国外的护士了。那些此前嚷嚷着"要人肉这名护士"的人都不说话了。

偏见有多可怕?对中国医务工作者的偏见,让他们还没搞清事实真相就忙着站队、抨击。而被谩骂的人,则蒙受着不白之冤。

人们总是急于表达自己、一吐为快,对着自己看不惯的人和事指指点点、肆意评价。然而,你没经历过别人的生活,不了解人背后有什么样的苦衷,凭什么就妄下结论、恶意揣测?

知乎上有一个问题:去过 100 个以上的国家是种什么样的体验?

点赞很高的回答是这样的:"懂得了这世界上没有绝对的正确,能够接受别人有不同的三观和其衍生出来的思考方式。"

真正见过世面的人,不会去评价别人没见过世面。因为当一个人看过的人间冷暖越多,他对这个世界的偏见就会越小。这个社会,给每个人设定了太多的条条框框:女生必须怎样,男生必须怎样。然而,世界不是非黑即白。真正有修养的人,会体会别人的苦衷、尊重别人的不同。

很喜欢星河 Shinho 写过的一篇文章。她说,她在法国待过几年。法国菜很难吃,人很懒,看个病有时候要预约两个月,KFC 离市区太远。但是她在那里,感受到了尊重的意义。同性恋可以在街上手拉手,彼此交换一个吻。七十岁的老太太可以穿着粉红色的香奈儿套装,涂着大红色的嘴唇,穿着亮闪闪的中跟鞋。你可以穿得特别邋遢,身上写着解放法国,头发用羊毛线编成一坨坨,看起来脏兮兮的,耳洞用专门的环子弄成瓶盖大。你可以喂冰淇淋给你的狗吃,或者和你的狗分着吃。没有人会特别看你。而在中国,如果你做上述的事情,也许就会引起众人侧目。有人会掏出手机拍照,发到抖音和微博上;有人会嘲笑、会鄙视,在背后对着你窃窃私语、指指点点。然而,那是别人的人生、是他们自己的路,我们究竟有什么资格对着人家说三道四呢？

"看你的微信头像，就知道你没见过世面。""看你的微信名称，我就猜到了你是个渣男。""看你的朋友圈，就能反映出你很好追。"

心理学上，有个词叫作"标签效应"。

我们很容易以自己固有的知识经验，给别人贴上标签、做出判断。太多人都是从自己的偏见出发，选取自己想看的真相。歧视别人和自己不同的地方，站在道德制高点评价质疑别人。

很喜欢一句话：静坐常思己过，闲谈莫论人非。没有谁有权利去评价、干涉他人的生活。"不要贸然评价我，你只知道我的名字，却不知道我的故事。你只听闻我做了什么，却不知道我经历过什么。"

愿你我能够尊重不同，不带着偏见的眼光去评价他人。也愿你我不被他人轻易定下标签，勇敢活成自己想要的样子。

## 距离平庸你差这十大特征 25

种瓜得瓜，种豆得豆，一个人如果始终不成事，肯定和他自身有很大的关系，通常会有以下这十种特征和表现。

### 计划很丰满，但没有执行力

很多在事业上始终没有突破的人，都有一个很显著的特征，那就是晚上想想千条路，早上醒来还是走原路。

他们对人生有着很明确的规划，对做一件事有着很清晰的思路，但这仅仅只限于在脑子里想一想而已，嘴上说一说而已，喊几句口号，然后再接着混日子。

没有执行力，心中光有想法，却迟迟行动不起来，这是很多职场人事业没有起色的罪魁祸首。

没有一条路不是走出来的，没有一件事不是干出来的，计划得再丰满，规划得再理想，没有执行力，那就什么都不是。

### 好高骛远，眼高手低

去年，朋友托我给他刚大学毕业的表弟找份工作，因为关系不错，所以这事我也是办得尽心尽力，按照他表弟自己的意思和要求，给他安排进了一家公司。

不过令人意外的是，三个月的试用期没到，他表弟就自己辞职了，原因是工作太累了，晚上九点多下班是常事，周末还经常加班。

后来朋友让我再帮忙看看，我又给他介绍了份工作，结果还是出问题了，干了没多久又走了，觉得公司小，没前途。

我对朋友讲，你要回去和你表弟沟通下工作态度了，不能只看到贼吃肉，看不到贼挨打，如今再也不是过去那种吃大锅饭的时代了，你干多少都没关系，现在讲究的是个人价值。

一个人心怀大志当然是好事，但尴尬的是，很多人是光有大志，却没有一颗脚踏实地的心，好高骛远，低的看不上，高的又够不着。

其实，很多不将就的人生，都是从将就开始的，都是从基层干起的，在吃苦受累中成长起来的，如果一个人总是"高不成低不就"，那么最终就什么都干不好。

### 逃避现实，消极面对

鲁迅先生说，真正的勇士，敢于直面惨淡的人生。

罗曼·罗兰也说道，这个世上只有一种英雄主义，那就是认清生活的真相后仍然热爱它。

而生活的真相就是，人生总是苦的，总有着很多的不顺和不如意，但人与人之间因为面对的心态不同，选择不同，最终造成的结果也不同。

很多人喜欢玩游戏，追剧，甚至是打牌玩乐，本质上并不是这些娱乐对他们有多大的吸引力，而是为了麻痹自己，逃避现实。

但结果是，你越是逃避困难和问题，就越过得不如意，因为这些问题不会自己溜走，只有敢于面对的人，想办法解决的人，才会拥有较好的人生。

### 自我设限，对自己没有信心

一个没出息的人，始终不成事的人，大多都有一个毛病，那就是对自己没有足够的信心，习惯自我设限，这个我做不来，那个我不会，这对于职场人来说是很致命的一点。

其实很多事并没有想象中那么难，你也没想象中那么不堪，只是你一直以来都没努力去尝试而已。

大到一份工作，小到一件事，不要总是说我不行，我做不了，你说多了，就真的不行了。

自信心很重要，做一件事如果连你自己都不相信能做好，都不看好自己，你怎么可能还做得好呢？

### 三分钟热度，不懂得坚持

刚才我举例朋友的那位表弟，其实就有这样的问题，做事情总是三分钟热度，激情一过，或者说一旦遇到问题，就不会再坚持下去了。

如果你在每个地方都待不住，那就很可能不是环境的问题，而是你这个人自己有问题。

我们小时候都学过小猫钓鱼的故事，如果做一件事总是三心二意的话，是很难将事情做好的。

有人在兴致勃勃的时候，买了一堆书回来，报了培训班，计划提升自己，但最终什么都没干成，就是因为做事情不够有恒心，也是现在通常所说的不够自律。

一件事要么不做，要做就要有始有终，或者说，别放弃得那么早，那么随意，不然就是浪费时间，最终什么都得不到。

### 贪图安逸，得过且过

我不喜欢说教别人的人生，每个人都有选择生活方式的权利，但我们就事论事地讲，很多人的事业始终没有突破，一直在基层蹦跶，有一个很主观的原因，就是自己贪图安逸，得过且过。

这样的人，他们对于工作的要求仅仅限于轻松一点，事情少，离家近，他们不是没有挣钱的能力，而是不肯吃苦，他们的人生信条是：人生苦短，及时行乐。

所以，你可以看到有太多的人在公司里浑浑噩噩地混日子，喜欢买彩票，做着可以一夜暴富的梦。

一个人穷不可怕，身处人生低谷也不可怕，最怕的就是没有斗志，没有一颗奋斗的心，不思进取。

### 抱怨太多，不从自己身上找原因

在工作中，有一种人特别不招人待见，那就是喜欢抱怨的人，接到一项任务，工作量还不看，就开始抱怨工作太多，加会儿班，就四处抱怨老板没人性。

总之，在他们的眼里，什么事都看不顺眼，总有没完没了的抱怨，这个不好，那个不好。

一个喜欢抱怨的人，总认为自己过得不好是因为社会不公，是别人的问题，而不是自己的问题，这样就很容易对奋斗失去热情，所以说抱怨是一个人斗志丧失的开始。

抱怨不仅是丧志之始，还是结仇之源，与同事、领导、家人朋友相处，一个满腹负能量的人，特别容易被大家远离。

所以说，一个爱抱怨的人，不会在事业上有所突破，在生活中也难以收获幸福。

### 气人有，笑人无

很多混得不好的人，有一个很不好的习惯，那就是见不得别人好，要是有人过得比自己好，取得的成就比自己高，就觉得人家是靠关系得来的，有一种仇视的心理。

而对于一些混得不如自己的人，又有一种趾高气扬的优越感，试图在这些人身上找补回快感。

这样的人，很难会有进步，而且往往会越混越差。安于现状，不肯学习。说一句很现实的话，很多人一直在基层打拼，总是靠出卖廉价的劳动力挣钱是因为他们不肯学习，不肯接受新事物。

很多人以自己学历低、岁数大为由，而拒绝学习，拒绝自我提升，但这个时代你不学习，不与时俱进，就很容易被淘汰。

一个人不学习，就没有改变人生的能力，就不会有成熟的眼界，永远只能停留在稚嫩的圈子里，原地踏步。

学习是一辈子的事，你只有对新事物保持好奇之心，不断地学习，才能立于不败之地。

## 不自律，做事拖延

做事拖拖拉拉，拖延成瘾，不够自律，是很多失败者的一个主因。

正因为如此，所以他们的工作效率会大打折扣，也没有时间和精力去做额外的工作，最终丧失主动性和进取心。

拥有经验，可以避免相同错误的再次产生。每个人都曾失败过，爬起重来时，我们要以新的姿态面对，新的思想考虑，更快迈向成功的彼岸。

## 26　起跑线差距并不能决定未来

如果给孩子设定起跑线，那么他们的将来就过早被限定了。

《极限挑战》节目组曾经发起这么一个活动。

让所有参与活动的学生站在同一条起跑线上，嘉宾逐一提问，凡答案是肯定的学生，就能走到下一条线上。

嘉宾问了 6 个问题。

一、你的父母是否接受过大学教育？

二、你的父母有没有给你请过家教？

三、他们是否让你持续学习一门特长？

四、你的父母曾带你出国旅游吗？

五、你的父母承诺送你出国留学吗？

六、你一直都是父母心中的骄傲吗？

最后，学生们都站在不同的线上。一声令下，他们拼尽全力向前跑，落在后面的人却无法跑进场馆内。

场馆里的人兴奋，场馆外的人失落，不甘。

这时，孙红雷说话了："你们才 18 岁，以后的路很长，会遇到很多困难，难道就被区区一扇门拦住了吗？"

学生们豁然开朗，撞开了门，最终到达了终点。黄渤是这么总结的：

"你们现在所在的线，和自己的努力并无关系。"

"落后的孩子，并非不能超越领先的孩子，只要努力，就还有赢的机会。"何为输赢呢？

"不要让孩子输在起跑线上"，是大部分家长奉为真理的教育观念，他们拼命花钱、花心思，就是为了让自己的孩子比其他孩子更有优势。

特别是近年来，生活大幅改善，消费水平提高，家长们在教育上花费了更多的人力物力。

孩子 3 岁时就已经给他们报兴趣班……

孩子 6 岁时已经给他们报补习班……

孩子 12 岁时已经规划好出国留学……

孩子 15 岁时已经给他们买车买房……

而那些"输在起跑线上的孩子"的家长，慌得恨不得用鞭子敲打孩子，让他们意识到社会竞争的残酷。

广西的一名父亲，因为家境贫困，深知自己无法给孩子更多东西，唯有教育不能落下。

孩子成绩下降了，他就又打又骂，骂他"窝囊"，骂他"丢脸"。

孩子在班里的成绩下降了，他跑去学校让任课老师"下课"，别影响他的孩子。

可谁能想到，一直以来都很争气的孩子，在最后高考时，只考了个三本院校。

气得这个父亲当天心脏病突发死亡。

而这个被嫌弃的孩子，2 年后因为失恋，在学校内跳楼自杀。留下孤苦伶仃的母亲，和一个完全破败的家。

父母的教育观念，对孩子的影响实在太大了。

宽松的教育方式，能让孩子自由成长；狭隘的教育观念，只会将孩子逼上绝路。

对于成功的定义，向来不能流于狭隘，并不是成绩高就等于赢了，也并不是起点差、成绩差就意味着这个孩子就是"loser"。

父母应该帮助孩子树立正确的成功观念，那就是——和自己比较。和别人比较，你永远都追赶不上他人的步伐。

和自己比较,你才能知道自己有多少进步空间。

拥有经验,可以避免相同错误的再次产生。每个人都曾失败过,爬起重来时,我们要以新的姿态面对,新的思想考虑,更快迈向成功的彼岸。

## 毒鸡汤能让我们更清醒　27

　　这句话能触动人心，大概是因为我们每天都有太多的事情要忙，一件一件的事情堆积在一块，我们的神经总是绷得像琴弦一样，着急做完一件投入下一件，这时候有人一语道破我们的窘状，让我们不必着急，扎心的话语，让我们欣然一笑。

　　大人们常说，世上没有金钱解决不了的问题，"有钱能使鬼推磨"，曾经认为并不是所有的事情都可以用钱解决，但是当人要在社会中讨生存的时候，会发现，钱真的是一个好东西。人们把钱当成了万能的上帝，有钱就等于可以拥有一切。哲学家曾说：钱只是工具，是通往幸福的桥梁，而桥梁上是不适合居住的。但是如今人们把赚钱当成了目的，于是人们成了永无止境的永动机。

　　这句话有很多种说法，有的人说：你不努力一下，就不知道什么是绝望。为什么这样的言语能打动人们的内心呢？无外乎跟贫富差距有关，王健林说的小目标是先挣它一个亿，马云为每天赚十几个亿而感到头疼。不说这些大佬们，单说身边的小伙伴突然成了拆迁户，几百万的补贴，是打工一族努力一辈子都超越不了的。努力还能成功吗？不努力真的很轻松呀。这句话其实也只是一种调侃，在未来还没到来之前的恐惧，害怕会遇到挫折。说句鸡汤的话，不努力怎么能成功呢？不努力只会废掉啊。

　　工作中很多事情就是这样，同样一件事，为什么别人随便一整便是人气火爆，而自己拼尽全力也不见效果，对这样的结果很是纳闷儿。可能别人随便搞搞的背后，已经经历过全力以赴，看似随便搞搞，只能说人家是轻车熟路。

原本是一步一步会离梦想更近的，怎么会越来越远呢？怕是在挣扎之后，渐渐地学会了忍痛割爱，梦想只能暂放，生活要紧，所以才说出这样的话吧。而说出这样话的人，哪个不是没有梦想，哪个不是在为梦想拼搏呢？

总而言之，希望大家都能在不友好的世界里寻找到属于自己的那一份美好，找到幸福的地方。

拥有经验，可以避免相同错误的再次产生。每个人都曾失败过，爬起重来时，我们要以新的姿态面对，以新的思想考虑，更快迈向成功的彼岸。

# 雨后春笋般的中国电影产业能走多远 28

近年来，中国电影产业迅猛发展，已逐步走上市场化和产业化的良性发展道路，电影产业收益逐年大幅提高。然而与美国等电影产业已趋向成熟的西方国家相比较，规模偏小和资金短缺已成为抑制中国电影产业发展的瓶颈。怎样通过扩大融资渠道来实现中国电影的规模经济效应，成为推动电影产业发展的关键性因素。以下将从SCP分析框架下，结合中国电影产业的现状和困境，研究以融资拓展、集团化经营等产业行为作为提高中国电影产业绩效对策的理论和实践依据。

## 一、我国电影产业发展现状

自1993年开始，在计划经济体制向社会主义市场经济体制转型的大背景下，电影业也开始进行市场化探索，中国电影直到2003年才真正走上"产业化"发展道路。2005年，借助于2002年以来电影发展的趋势，加上中国电影百年华诞、抗战胜利60周年、红军长征胜利70周年这些年度契机，中国电影发展取得了可喜的成果，2005年—2013年，中国电影票房收入屡创新高，并且连续八年超越进口大片。电影投资和融资市场空前活跃，国产影片放映份额和市场份额继续扩大，国产电影参加国际影展的数量和获奖数都超过历史水平，国产影片的海外交易情况令人欣喜，大电影产业收入持续增加，影院数量和银幕数量快速增长，数字电影取得突破性进展。电影逐渐成为日常生活和大众文化的中心话题。

我国人口众多，电影潜在观众堪称世界之最，这一庞大的电影市场被外国人称为有待开发的"钻石矿"。随着中国经济的不断发展，有消费能力的中国人口已经达到 2.5 亿～3.5 亿，其中大部分是城市居民，在未来的十年，这一数字有可能会翻一番。在美国每人每年平均观看 5 部电影，而占世界人口 18% 的中国，每人只要多看一部，电影业得到的回报将是非常可观的，电影产业在中国有着极大的发展空间。同时随着我国经济和科技的发展，录像市场的扩大，有线电视的开通，卫星电视的前景，一方面争夺着电影观众，一方面因播放高品位电影节目而培养了观众，且它们都是以电影为核心的影像产业，这将使电影的市场价值备受关注，为电影产业在我国的发展提供了更多的发展机遇。

如今，我国已经开始对电影产业加大扶持力度，陆续出台了很多有利于产业发展的政策法规，如设立电影专项资金，从进口影片收入中划出一定比例支持电影业，设立影视互济基金，从电视的广告收入中提取 3% 来支持电影业，国家对有特别重大意义的影片给予专项补助，鼓励部门和企业投资拍片。一方面，从这些成果我们可以看到中国电影产业进入了一个新的发展时期，另一方面我们必须看到，中国电影产业在发展过程中仍然面临着许多亟待解决的问题，这些问题制约着我国电影产业快速、健康发展。

## 二、制约我国电影产业发展的因素

### （一）电影产量的粗放式高速增长

2013 年全国总票房 217.69 亿元，同比增长 27.51%。其中国产影片票房 127.67 亿元，同比增长 54.32%，占比 58.65%。从产量上看，中国电影已经进入了世界电影生产大国的行列。从票房收入上看，大制作的"国产大片"虽然数量少，但是占据了全国票房收入的近一半的份额。由于这些影片本身就有海外资金的背景，在制作时已经考虑到海外市场营销因素，从而成为中国电影海外销售的主力；而为数最多的制作成本在 150～300 万元的小制作电影（约占全年总产量的 62%），只有部分进入院线放映，且票房收入相当微薄，这些影片或是为了获得较高的音像版权销售价格而进入院线，或只是小规模上映；相当部分影片的主要市场是电视播映和音像产品，少数获奖文艺片通过出售海外版权，获得一定成本补偿或者略有盈余，还有部分影片则根本未进入流通渠道。总体上看，中国电影产业在发展过程中的投入产出比太低，资源浪费比较严重。

（二）制片、发行、放映之间利益的不平衡

根据产业组织理论，产业内各企业之间的交易关系、行为关系、资源占用关系和利益关系都要达到平衡才能促进该产业的发展。而商品经济时代，利益关系是最为敏感的，利益关系的不平衡将挫伤企业的积极性，直接阻碍该产业的发展。我国电影体制中这三者往往呈现两头小、中间大的分配不平衡状态。最典型的例子是，1991 年全国 16 家电影厂拍摄了 150 部影片，发行收入是 1 亿 7 千万元，而发行公司的放映收入为 11 亿，就是说电影厂的收入只是放映者的 1/6 还不到。在这 11 亿中，电影院又只占小头，大部分归发行公司。这种不平衡的收入关系，严重阻碍了我国电影产业内众多企业的积极性，造成了电影市场的一度疲软。近些年在电影产业化浪潮和外国电影特别是美国好莱坞电影的冲击下，我国电影从业人员逐渐改变了电影经济观念和具体操作方式，电影企业由计划走向市场，投资主体逐渐走向多元化，商业性宣传也正在起步，影院建设也取得了很大进步。但是，我国的电影企业还处在学习和模仿阶段，从人员数量、素质和对市场的敏感程度到制片厂的市场化程度和企业化运作方面，我国都处于稚嫩阶段，电影制作、发行、放映各主体之间的各种利益关系不够合理，所以难免出现或大或小的各种问题。

### （三）电影衍生产品开发落后

在我国，影片收入的绝大部分要靠票房，最具有商业价值的后电影产品开发却做得很差。美国的经验值得我国电影产业借鉴，"在美国电影产业总收益中，20%来自于银幕营销，80%来自于非银幕营销——后电影产品。电影品牌可开发的商业价值极丰富：除影片的海外版权、家庭录像制品、电视播映以外，还包括与影片内容相关的图书出版、手机彩信、服装鞋帽、海报、珠宝、游戏、玩具、文具、日常用品、原声音乐和主题公园等"。

## 三、加快电影产业发展的关键

客观地说，中国电影在国际影坛上地位不高，与中国的国际地位和中华文化应该具有的影响也不相匹配。在经济全球化和好莱坞电影冲击世界各国电影产业的背景下，中国电影要想在世界影坛中占据一个稳固的席位，就要努力从各方面下功夫，建立一个中国电影产业能形成自身良性循环的市场运作机制和体制，使贯穿电影产业的各个链条协调发展，从而真正促进电影产业的大发展，真正使电影不仅为人民提供精神需求，也能为我国的经济发展做出更大的贡献。

尽管我国电影产业发展过程中综合竞争力还处于弱势，如质量不高，影院建设不够，产业政策和法制环境有待加强和优化，投融资体制不健全及其他支持力度不够大等，但从我国国产电影发展过程中的众多有利因素，对于国产片来说，只要能抓住机遇，积极向电影业发达的国家借鉴成功经验，提高从业人员的素质，同时国家在法规政策及经济援助等方面给予更大的支持，加上20年改革开放奠定的物质和精神基础，特别是有通向民主、文明、富强的改革潮流作为第一推动力，我们有理由对中国电影产业的未来充满信心。

## 劳逸结合方能事半功倍　29

列宁曾说过：休息是为了更好地工作。觉得学习首先要有兴趣，你不能把学习当作是一种负担，而要当作是一种快乐，你要把精力投在学习上，而不是别人推一下，你再下一次功夫。无论做什么事都要学会适当地休息和放松，不能总处在紧张与疲惫之中，无论是我们的身体，还是我们的心情，都要学会张弛有度，这样才能事半功倍。

忙是人生的常态，或为了工作，或为了学业，或为了恋爱，或为了梦想，或为了……是的，真实的生活总是有忙不完的事情。如果劳累过度，会伤及身体，自然也会影响正常工作与生活，更别提去追寻梦想了；如果懂得忙里偷闲，让自己适当放松，神经不再那么紧绷，有了好的状态，便能更好地去面对接下来的工作。

劳逸结合，简言之，就是要做到将工作与生活很好地进行结合，既要努力工作，也要会休息，只有休息好了，才能有更好的状态与心情去工作，反之，可能起到事倍功半的效果。

首先你应该明白，对于绝大多数人来说，工作的黄金时段是上午的时候，而午休时间过去之后，人的专注力也跟着下降了。因此，正确的"偷懒"达人懂得充分利用甚至延长上午的黄金时段，而在下午专注力下降的时候专心偷懒或者做一些不用脑力的简单工作。

其次，一个人的专注力平均能够集中 15 分钟左右，因此在工作进入疲态，或者心神涣散的时候，你可以拿出 15 分钟的时间，一心一意地"偷懒"。你可以利用这 15 分钟伸展一下身体，或者闭目养神，之后再回到工作中时你发现自己拥有了全新的状态。

感到疲劳时，可以放下手头的工作，周末给自己放一个假，尽情地享受美好的假日时光，让自己的身心得到很好的放松。

做自己想做的事，完成了一天的工作，回到家中，可以选择看电视、健身、唱歌、听歌。看电视选择一些有趣的综艺节目；健身可以做一些放松身体的瑜伽；听歌时尝试理解歌的主旨并发现新的感情。

另外尽量保持有规律有时间观念的生活，有利于保存体力和神气。科学和合理的饮食，有利于体力的恢复和再造。

当你疲劳时，放下手头的事情，不妨去尽情地休息与放松；当你精力旺盛时，不妨投入到忙碌的工作当中，去实现你想达到的期望。劳逸结合，会让你的工作与生活精彩无比。

总之，无论何时你都应该记住："知道如何停止的人才知道如何加快速度。劳逸结合才能事半功倍。"正如一位哲人曾说"爬山的时候，别忘了欣赏周围的风景"。如果一个人只为实现目标，用一生去奋斗，那么他到死也不会明白他来世上的意义是什么。他不曾真心地笑过，也不会享受过真正的快乐。所以，各位年轻的朋友们在努力工作的同时，千万别忘了适当地"偷懒"，让我们好好享受生活，实现人生的真正价值与意义。

## 善于发现生活的乐趣　30

　　孤独是一种痛，也是一种病，更多的是一种习惯。想要摆脱它，最好的方式就是抛弃这种习惯，用好习惯代替。孤独往往是由于思维上的一种"懒惰"。这似乎与我们的日常认识不符。现实中，常常是那些整天都在思索的人，比如作家、学者、艺术家等这些勤于思考也精于思考的人更容易陷入孤独。这些都对这种说法提出了挑战，其实，两者间并不矛盾。

　　思考分为两种，一纵一横。纵向的思考指的是思维的深度，他们专攻一门，且有极其独到的见解，作家、艺术家等都属于此类。横向的思考，则是指思考的宽度。这样的人不会抓住一个方向不放，然后穷其极致，而是涉猎范围很宽。他们对身边的每一件事都特别感兴趣，遇到跟自己认知不符或者从未见过的东西，总是喜欢探究一番，并从中发现乐趣。

　　不管何时，我们都不能否认作家、艺术家等对人类社会做出的贡献，但一个普普通通的人，还是以横向思考为主更合适些。毕竟有能力改变人类的是少数，但每个人都需要去发现生活的乐趣。孤独者大都产生于纵向思考的人和不思考的人当中。

　　纵向思考的人在意的是事物背后的逻辑，这种逻辑可以揭示我们这个社会的本质，对人类有益，但也是困难的。一个作家，他需要通过自己的笔，构建一个属于自己的、独立的世界，在那个世界里，他是主宰。然而，这并不是一个想当然的世界，即使那世界是虚拟的，也需要逻辑。一个人构建属于一个世界的逻辑，必然是苦闷的、煎熬的，容易陷入深度的惶恐和无奈。所以，作家以及艺术家等常常孤独。

　　现实中，没有多少人能够在写作或艺术上取得太大的成就，但没有那种成就不等于不会遇到那样的烦恼。生活中，具有艺术家或者作家气质的人还是不少的。这样的人，大都头脑灵活，喜欢创造和构建，他们常常在自己的大脑中，虚构出一个跟现实不同的世界，那个世界是属于他自己的，是按照他的规则和喜好构建出来的。在那个世界里，他就是主宰，可以实现自己的所想所要。但是，虚幻虽然可以给人快乐，却不能给人幸福。就像海市蜃楼，能够让我们看见雄伟和壮观，却不能给我们提供繁华，当我们走近时，它就消失了。虚构的世界也一样，注定是不能实现的。所以那个世界带给我们的快乐不仅无法帮我们排解烦恼，反而会让我们走进孤独。当从虚幻中走出，看见的依然是这个恼人的现实的时候，我们的心会更加孤独。这份孤独，让人绝望。它会带走我们想要的一切，而仅仅把孤独留给我们。

　　另一种就是不喜欢思考的人了。这些人大都对身边的事物没有太大的兴趣，不懂得发现平常中的不平常。因此，他们的生活往往是平淡的，没有任何的新奇可言。这种平淡我们可以将之定义为稳定，但其中确实蕴含着枯燥和乏味。而枯燥和乏味就意味着孤独。想要摆脱孤独，就要学会横向思考。一个快乐的人，必然是好奇心很重的，遇到自己不了解的事情就想去探究一番，又不会执着于此，总是在发现乐趣之后，就结束思考了。因此，思考给他们带来的往往是新鲜和刺激。这样的人，肯定不会孤独的。

　　想要摆脱孤独，就要有探究平常中的不平常的思维习惯，要能够发现细微之处的快乐，要有另辟蹊径的能力和眼光。比如，著名作家贾平凹就曾经在一篇文章中展示过这种状态。他在文中记述了很多寻找快乐的方式。文中写他曾有一次去旧书摊，发现了一本自己的书。拿起翻看，扉页中赫然写着"赠××兄"，落款是自己的名字。看来，这是书刚出的时候，他赠给朋友的，不过显然那朋友并不在意，不以为这是一件值得珍藏的礼品，而把它当作废品卖掉了。对一个写书的人来说，遭遇这种事情，是很尴尬的，会有一种被人小瞧了的失落感。不过作者对这件事的处理非常有趣。他拿钱买下了那本书，找来笔，在之前所写的赠言下面，又写了一行字"再赠××兄"，然后写下了自己的名字，到邮局将书又邮寄给了那个朋友。

这种态度就很好，它很符合横向思索的特性，属于发现平常中的不平常，能够从生活中的细微小事中寻找到快乐。我们在这里可以想象一下，深度思索的人遇到这种事，要做的一定是回家闭门沉思，然后写一篇如何跟朋友交往的文章。而不懂得或者懒得思考的人，遇到这类事情，必然会大生闷气。这两种人，不孤独才怪。因此，想要让自己变得不孤独，也很简单。只要改变一下自己的习惯，不要企图揭示出自己遇到的每件事情背后的真实逻辑，也不要对事情蕴含的道理不管不问。过犹不及，两者都不是最好的态度。生活中，遇到事情的时候，进行思索，但要浅尝辄止，发现乐趣后，将之忘掉就可以了。当然，这并不是说完全就不去探究，不去深度思索了，只是将深度思索用在工作上或者自己研究的领域就足够了。

生活中，抛去它们，你会更快乐。摆脱孤独其实很简单，养成一种爱一切、发现一切的习惯就可以了。让自己的大脑勤快起来，学会横向思考，学会发现平常中的不平常，发现细微之处的乐趣，可以让孤独者摆脱孤独，让不孤独者远离孤独。

绝大多数人都曾是在漫长黑夜或者白天中，总有这样那样的忧伤，令人们痛哭流涕，不能控制自己，人生一下子变得黑暗、悲哀、无助，然而人们依旧咬牙坚持着，用自己的良知保护着脆弱的灵魂。眼泪是人类情感的终极表达：人们得到了会喜极而泣，失去了会椎心泣血；离别时不免泪湿襟衫，相逢后难忍相拥而泣；呱呱坠地时我们以眼泪和世界照面儿，垂垂老矣时，我们又用眼泪和世界吻别。也许思念了某人，也许忍受了委屈，也许陷入了迷茫，也许心生了怜悯，也许吼出了誓言，也许为某事愤怒，也许被真情打动……这世间，总有一种力量让我们泪流满面，总有一种情绪曾使我们在深夜里痛哭失声。我们曾经的伤痛唤起共鸣，也一再提醒我们。其实，这世间的所有眼泪，归根结底只不过为一个爱字而已，依归是得失。当眼泪成诗，一切都是海阔天空。有时候黑夜很漫长，有时候的痛也很难熬，但熬过去，天就亮了。在我们的人生中，如果没有这样的经历，我们又何以谈人生呢？

## 最好的态度是享受生活　31

享受生活，需要一种心境。平静地坐看时光流逝，平静地细数人世坎坷，这些都是享受生活的意境。生活的意义，不在权势和金钱，不在物质和名利，而在用一颗平淡无华的心，去领悟生活中的风雨兼程与风和日丽，这样对于生活我们才会更加充满动力。

在生活中我们应该如何对待呢？

**一、认真工作，爱上工作**

正所谓做一行，爱一行，在现在很多人所做的工作并非是自己理想的工作，大多数是迫于生活的压力而去工作的。所以很多人生活也是没有动力的，因为他们也许会觉得工作不够体面，将来也是不会有什么大的成就。但是，如果这样认为就是大错特错了，存在就是真理，既然工作存在就是有需要的，大家可以学着爱自己的工作，那么你就会找到其中的乐趣了，哪一行做得好，都是成功。

**二、干自己喜欢干的事情**

大家在这样的大社会中生活着，如果没有自己喜欢的事情，那么生活便没有什么动力了。找到自己喜欢的事情干，这就是一种动力的源泉。这些事可以是音乐、游戏、舞蹈，只要是自己喜欢的就可以去做，不要在乎自己的年纪。

### 三、找到志同道合的朋友

朋友在我们的生活中是非常重要的，朋友就像我们的家人一样，在我们的生活中是亲人一般的存在。但是，并非什么人都是值得结交的，并非什么人都会在你困难的时候帮助你，只有那些对困境中的你伸出援手，帮助你的人，才是你的朋友，而那些在你遇到困难的时候不吱一声的，却是不值得结交的。结交朋友并非是吃几顿饭就可以的，交心是最重要的，当你和他人交心，才证明你和他们更进一步，与好的朋友做自己想做的事情会让你的生活更加美好。

### 四、陪伴自己的家人

家是你一辈子的港湾，当你遇到困难时家人帮助你，当你感到快乐时家人一样感到开心，当你成功时家人默默为你感到开心，陪伴家人的时光是美好的，为了家人奋斗也是美好的，爱家人敬家人，这就是我们所该追求的。

### 五、出去旅游，看看世界

经常出去走走，到外面的世界去看看，体会不一样的事物，不一样的新鲜感，不知道的事物可以引发大家的求知欲，去追求，享受生活。

### 六、爱生活，享受生活

生活是一种别样的东西，当遇到困境的时候，有些人放弃了自己的生命，因为他们没有了动力，他们没有了希望，他们不知道为什么而活。但这是不对的，既然来到这个世界上，大家就应该学会享受自己的生活，如果平平淡淡地过完一生，那么你的一生显得多么枯燥。生活中发生的每一样事情，都是为你的画卷添上一笔色彩，当你将画卷完成之时，也就是你生命的终结之时。

但是这幅画卷是否将有该有的色彩，就看你怎样去描绘了。

拥有经验，可以避免相同错误的再次产生。每个人都曾失败过，爬起重来时，我们要以新的姿态面对，新的思想考虑，更快迈向成功的彼岸。

## 32　沙漠里的勇者

一提到"沙漠",大家的脑海里会浮现出什么样的情景呢?寸草不生的干旱之地?没有生物的死亡世界?其实,都不是的,在那里,有美轮美奂的自然景象,也有数以万计的珍稀植物和动物。

一望无际的沙漠里,简直就是一个极度喧嚣的世界,一幕幕优美的画面和热闹的舞台剧总是在轮番登场,令人心醉神怡。可是它们的生存,却给人们留下了太多、太深、太久远的启示和忠告。不信?你看,在沙漠里有一种植物叫胡杨,它是沙漠地区特有的珍贵森林资源,因其超顽强的生命力,还被人们赞誉为"长着千年不死,死后千年不倒,倒地千年不腐"的英雄树。为了近观胡杨的独特风范,我和我的同伴曾走向塔克拉玛干沙漠的深处,在那荒凉的戈壁滩里,映入眼帘的是晶莹剔透的飞沙,迎接我们的是难忍的饥渴和孤独,以及炽热的煎熬,动物、植被的残骸四处呈现,而胡杨则展现出与天地抗争的勇气和执着!它们顽强的生命,实在是悲壮又令人惊叹!还有一种叫百岁兰的植物,它一生只生长两片叶子,但每一片叶子都可以活到百余年甚至上千年的时间;当然,譬如仙人掌、梭梭、红柳树……无不让人惊奇和赞颂!

在沙漠里,更生活着一群特殊的动物,如蜥蜴、骆驼、蒙古原羚、蛙、兔子、鼠类、蛇……你知道吗,蒙古原羚为了寻找水源会迁徙数百千米;有一种生活在沙漠里的蛙,如果没有下雨,它们能够在土壤里静静地休眠好几年,一旦雨落,马上爬出来在水里产卵;骆驼也是沙漠中的勇者,它们可以在沙漠中几天不吃不喝，能闻出地下流淌的水流，能在逆风中嗅到一百千米外的青草，能记得十几年甚至几十年前走过的路、经历的环境以及役用过它们的你，可它们从来不彰显自己对人的超长记忆和由此而生的感情依恋，从来都不彰显……它们 就是那么的平凡、不起眼，却都有着勇者才具有的超强毅力。

　　沙漠里的动植物，它们总会利用时机，总能创造时机，会感恩周围的世界，因为它们很清楚自己恶劣的生存环境，也接纳随时可能失去一切的事实，不管命运的得与失，总是要让自己珍贵的生命里充满了亮丽与光彩；它们从来不为过去掉泪，努力地让自己活出的生命得到更多的精彩和荣光；它们的青春常在！它们的青春永恒！它们都是地球上最美的天使，因为它们把自己看得很轻！更因为它们懂得珍惜！

　　沙漠是个奇妙的世界，关于它的形成，众说纷纭。传说很久以前，一位神仙给了沙漠人民一柄金斧子和一把金钥匙，金斧子用来劈开阿尔泰山，引来天山的雪水，再用金钥匙打开塔木里的宝库，让沙漠得到生命的宝藏。不幸的是钥匙被神仙的小女儿在护送的时候丢失，从此盆地中央就成了塔克拉玛干沙漠。

　　看到这些，你的内心是不是有了更多的感慨和感动？和这些珍贵又顽强的生命相比，我们应该对自己反思些什么？是不是更应该马上行动起来，脚踏实地地做些什么呢。

## 33　生活要学会厚积薄发

　　造父是古代的驾车能手,他在刚开始向泰豆氏学习驾车时,对老师十分谦恭有礼貌。可是 3 年过去了,泰豆氏却什么技术也没教给他,造父仍然执弟子礼,丝毫不怠。这时,泰豆氏才对造父说:"古诗中说过,擅长造弓的巧匠,一定要先学会编织簸箕;擅长冶金炼铁的能人,一定要先学会缝接皮袄。你要学驾车的技术,首先要跟我学快步走。如果你走路能像我这样快了,你才可以手执 6 根缰绳,驾驭 6 匹马拉的大车。"

　　造父赶紧说:"我保证一切按老师的教导去做。"

　　泰豆氏在地上竖起了一根根的木桩,铺成了一条窄窄的仅可立足的道路。老师首先踩在这些木桩上,来回疾走,快步如飞,从不失足跌下。造父照着老师的示范去刻苦练习,仅用了 3 天时间,就掌握了快步走的全部技巧要领。

　　泰豆氏检查了造父的学习成绩后,不禁赞叹道:"你是多么机敏灵活啊,竟能这样快地掌握快行技巧!凡是想学习驾车的人都应当像你这样。从前你走路是得力于脚,同时受着心的支配;现在你要用这个原理去驾车,为了使 6 匹马走得整齐划一,就必须掌握好缰绳和嚼口,使马走得缓急适度,互相配合,恰到好处。

　　你只有在内心真正领会和掌握了这个原理,同时通过调试适应了马的脾性,才能做到在驾车时进退合乎标准,转弯合乎规矩,即使跑很远的路也尚有余力。真正掌握了驾车技术的人,应当是双手熟练地握紧缰绳,全靠心的指挥,上路后既不用眼睛看,也不用鞭子赶,内心悠闲放松,身体端坐正直,6 根缰绳不乱,

24只马蹄落地不差分毫,进退旋转样样合于节拍,如果驾车达到了这样的境界,车道的宽窄只要能容下车轮和马蹄也就够了,无论道路险峻还是平坦,对驾车人来说已经没有什么区别了。这些,就是我全部的驾车技术,你可要好好地记住它!"

　　泰豆氏在这里强调了苦练基本功的极端重要性。不积跬步无以至千里,不积小流无以成江海。要学会一门高超的技术,必须掌握过硬的基本功,厚积薄发,然后才能得心应手,运用自如。学习驾车如此,做其他任何事情也都应当这样。

## 34　年轻人不能太安逸和懒惰

不知道从什么时候开始，年轻人群中流传着这样一个词："懒癌"，对这种"癌症"，还是第一次听说，在身边的年轻人给我解释之后，我才明白过来。

很多年轻人，因为快节奏的生活，能坐着绝不站着，能躺着绝不坐着，能坐电梯绝不爬楼梯，一天基本上都没有时间去运动，导致他们现在也踏入了肝病患者的行列，可别真让"懒癌"找上你！

年轻人就应该多运动，活动会增强免疫力。

年轻人虽然一天上班很累，但是也应该在下班之后，去户外运动30分钟。每天30分钟运动，不感到疲劳，就是最好的。

年轻人能自己做饭，就不要再去点外卖了。

外卖虽然很好吃，但是长时间吃外卖，且不运动，很容易造成脂肪堆积，尤其是上班族。另外，外卖的食品，咱也不知道它里面放的啥，食品安全有待考究，综合起来，大家最好还是自己做饭比较放心。

年轻人夜生活再美好，也不能懒得去休息。

很多年轻人现在基本上都会出现熬夜的情况，经常熬夜导致肝脏不能正常工作，肝脏得不到休息和肝血的滋养，就容易发展为肝病。

年轻人，不要为了享受生活而放弃了健康，前段时间有网友给我说："难道我们年轻人，现在出门也要拿一杯枸杞茶吗？"我想说，这又有什么呢？这总比喝那些碳酸饮料和含糖饮料伤害身体要好吧。

人们都知道成长的路一定是不断蜕变到最后的华丽转身。可能你刚开始跟一个人的能力差不多，可他总能选择很难完成的，可能踮起脚尖都不能完成的目标。而他一旦选择就会承担责任，不断完善自己。而你面对困难选择安逸，那你永远不能脱离自己的安逸圈，你的能力也就只能止步不前，永远认为自己不行，事实也是如此。

我们一生会面对无数选择，无数选择的最后就是现在的自己。如果觉得自己还不够优秀，还想成为更优秀的自己，请脱离自己的安逸圈，选择挑战。充满挑战的人生才是一场丰富的旅行，有太多未知的自己可以发掘，原来我们的多面体也有这样的一面。

年轻时就怕闲和懒。闲的时间长了，就不会用功了，越闲越想闲，不干活最舒服。懒下来，人就松了，打不起精神，干事就没精打采，看起来也忙，但无效率，无能力。这样时间稍长人就没个形了。打起精神，努力奋斗是唯一的办法，偷闲无出路，偷懒无机会。

趁着年轻，体验人生，千万不要做出让自己懒惰的决定。

## 35　有一种好习惯叫及时回复

从以前的手机短信,到后来的 QQ 信息,再到现在的微信,信息化的时代让彼此之间沟通变得更加便利。然而"及时回复"是一个看似很小的细节,却总被人忽略。聚会迟到没有及时说明原因,亲朋好友也许会担心你的安全,加班晚归没有及时和家人沟通,家人也会牵挂你的去向。

有时候一句"收到、好的、在路上、平安到家"等等简单词汇的背后,是你对别人的尊重,也会让别人放心,更让人觉得你很靠谱。

职场社交最大的不靠谱就是收到不回复。

过年期间和一位做行政的朋友小聚。

谈及他在工作中最烦心的事,莫过于群发通知每个人事项:每周必须提交的周报总结、公司安排的团建任务、领导下发到个人的执行事项信息,每次在群里群发之后,即便是@到每个人,总有几个人不急不慢看到了也不回复。

一来二去常常因为几个人的耽误导致了整个项目的停滞。

有时候朋友还需要私信去催问确认他们是否有收到信息,而对方常常是一副无所谓的样子:

"我知道啊,群里的信息我都看到了啊!"

"那看到了怎么不回复?"

"回不回复有那么重要吗?我知道就行了!"

朋友说隔着电脑屏幕,总有些人永远不知道他等得有多焦急。看到了也不回复,浪费的不仅是他个人的时间,更耽误了整个项目的推进和进度。

"收到"两个字花不了1分钟的时间,但是对通知者而言,是一种证明和交代。

用朋友的话说就是:职场社交最大的不靠谱,就是收到不回复。及时回复,并不意味着立刻回复。

及时回复是一种很好的习惯,但及时回复并不是你收到对方的信息就立刻回复。有的时候可能你手头上有甩不开的事,比如加班之后驱车回家的路上,如果交通情况比较复杂,你不太方便回复信息,等到你停下车来或者交通顺畅的时候,就马上回复对方。

收到后及时回复代表你的职业化程度。

职业化具体讲什么?其实也没什么,就是明白独自上出租车,你该坐哪儿;如果是老板开车,你坐哪儿;如果老板开车,你上级也在,你坐哪儿;如果你老板开车,你上级也在,但还有个女士,你坐哪儿?

可能有人会问了,有必要搞那么复杂吗?随便坐不就完了,他们不会在意的。

其实,事情当然不是这么简单,这些看似无关紧要的职场问题背后藏着一个思维方式:

永远要站在对方舒不舒服的角度考虑问题。

就像我们经常会在微信群里看到@自己的信息,为什么有人积极回复,有人却视而不见?难道是因为前者闲着没事做吗?当然不是的。

及时有效回复别人的信息,不仅代表了你的工作能力和效率,同时也侧面反映了你对他人的重视程度。

明明别人看到你发的信息却不回复你,你的心里恐怕也不会舒服吧?

曾经拿这个"收到消息要不要立刻回复"的问题,问过一位职场老前辈,他和我说的是:你领导在短时间内不一定了解你的工作能力,但是你的工作积极性和配合参与度却是一句"收到"

就一眼看穿的，根本藏不了。

在领导看来，他更在乎的是了解所有员工手中事情的执行进度，而你的一句"收到"恰恰表示了你对这个项目的知晓。

再说了，连别人主动@你都不搭理，那你还要别人亲自当面和你说吗？

在职场和人合作，没什么比让别人办事舒服更让人喜欢的了。在职场这么多年，这位前辈一直就是这方面的代表，别看他在公司位高权重，身为元老级的人物，却从来没有一点儿架子，无论是年纪多小、职位多轻的员工都可以向他请教、寻求帮忙。

做大事看能力，做小事看品格

在工作中，对接一直是最节约工作成本也最能提高效率的一个环节，然而也最容易被人们忽略。工作结束不及时对接，就算任务完成了99%，差了这1%的沟通回复，虽然看似事情做完了，其实差那么一丁点儿，事情还是没有做到位。

一个人无论在工作中处于开始环节，中间环节或者结束环节，你的回复都可以让下属及时开展新工作，可以让同事更快进行下一环节工作的接力。及时回复，无论你是谁，在什么职位，都是对自己和别人的尊重。

这样对待同事和朋友，其他人也会对你以礼相待，以同样的重视程度对待你托付的事情。做大事看个人的能力，而做小事则看每个人都拥有却未必放在心上的品格。

沟通是拉近彼此距离最廉价而又最有效的方法。让我们从及时回复开始做起，生活中成功和幸福都来之不易，而一个靠谱的人，更容易接近幸福。

拥有经验，可以避免相同错误的再次产生。每个人都曾失败过，爬起重来时，我们要以新的姿态面对，用新的思想考虑，更快迈向成功的彼岸。

## 爬起来比跌倒多一次就是成功　36

世上有两种人，一种人一经打击就心灰意冷，从此消沉下去；一种人在和挫败挣扎一番之后，他总会找到一条更平坦更光明的路，使自己更坚强，无论是在精神上或在事实上，他都有机会以胜利者的姿态再度活跃起来。

（1）没有白费的努力，更没有碰巧的成功。念念不忘，必有回响，成功会感应你所付出的一切。

（2）凡事，只要走出第一步，就要走到底，不怕失败！

（3）贵在坚持，难在坚持，成在坚持。

（4）把努力当成你的一种习惯，而不是一时的热血。

（5）人生，就是一场自己与自己的较量：让积极打败消极，让快乐打败忧郁，让勤奋打败懒惰，让坚强打败脆弱。

（6）没有一份工作是不辛苦的，也没有一个年纪是不应该努力的。人生就是取舍，要么拼，要么忍。

（7）没有特别幸运，请先特别努力，别因为懒惰而失败，还矫情地将原因归于自己倒霉。你必须特别努力，才能显得毫不费力！

（8）要么就闭嘴接受现实，要么就证明自己的能力。

（9）只要我们能善用时间，就永远不愁时间不够用。

（10）即使是不成熟的尝试，也胜于胎死腹中的策略。

（11）为了未来美一点，现在必须苦一点。低头不算认输，放弃才是懦夫。

（12）生命的进行不是直线，而是一种圆融。

（13）我不去想是否能够成功，既然选择了远方，便只顾风雨兼程；我不去想身后会不会袭来寒风冷雨，既然目标是地平线，留给世界的只能是背影。

（14）不同的信念，决定不同的命运！

（15）人生不售来回票，一旦动身，绝不能复返。

## 水深不语 人稳不言　37

生活不是战场，无须一较高下。人与人之间，多一份理解就会少一些误会；心与心之间，多一份包容就会少一些纷争。

要知道一切的过去终将过去，一切的未来只在未来。事事不必太过执着，是你的肯定会是，不是你的，努力以后如果还不是，就放手。

爱并不可耻，不爱也不可恨，有些话不想讲了就闭嘴，有些人不想恨了就释怀。漠视并非是情绪，而是真的无关了，仅此而已。

以一颗谦卑的心，看身边人，以一颗恭敬的心，待身边事！因为总有你该学习的东西，也总有你发现不了的奥秘！

别人的嘴我们无法去控制，但我们可以抱一颗淡然的心去看一切纷扰。心静才能听到万物的声音，心清才能看到万物的本质。

沉淀自己的心，静观事态变迁。与人相处，需要讲究方式方法。有些事，需忍，勿怒；有些人，需让，勿究。

嘴上吃些亏又何妨？让他三分又如何？人人都需要被尊重，人人都渴望被理解，水深不语，人稳不言。学会淡下性子，学会忍住怒气面对不满。

事事不能太精，太精无路；待人不能太苛，太苛无友。懂得退让，方显大气；知道包容，方显大度。

花无百日红，人无百日衰。三分靠运，七分靠己。努力过就好，尽了心就行，结果不是最终的目的，过程的体会，才是最真的感悟。

## 38　人品决定成败

做人，富不富裕没关系，成不成功没关系，重要的是人品端正，不赚昧良心的钱，不干祸害人的事。

做人，可以没有钱，但不能坑朋友的钱，坏事不能干，心机不能玩。做人，可以没有才，但千万不能没有品，手段不能藏，歹心不能有。人这一辈子，人品为底子。

善良是好人品的关键要素。人要常怀一颗感恩之心，方能使人敬仰。古人云："所谓善人，人皆敬之，天道佑之，福禄随之，众邪远之，神灵卫之""心起于善，善虽未为，而吉神已随之；心起于恶，恶虽未为，而凶神已随之"。因此，要多存善心，多行境界。

常言道："有容乃大"。人要有一颗宽容之心，要能容天下难容之事。我们要学会宽容与自己看法不同的人，特别是与自己有矛盾的人。宽容别人实际上是给自己的心灵松绑，否则，只会给自己的心灵加压，受累的还是自己。要承认人与人之间的差别，多看别人的优点和长处，宽容别人不足之处，一分为二地看待别人。凡事争则两败，让则两利。正所谓"退一步海阔天空"。清代礼部尚书张英在对待自己家亲来信诉说与邻居的界墙之争时，回了这样一封信："千里修书只为墙，让他几尺又何妨？万里长城今犹在，不见当年秦始皇"。这是何等宽容的境界！人生在世，难得糊涂。

一个人不一定能成为一个伟大的人，但完全可以成为一个正直的人。正直之人，首先要做到凭良心办事。清人王永彬有云：

"求个良心管我，留些余地做人。"说的就是这个道理。干事都能从良心出发，那绝对是一个高尚的人、正直的人。人还要有正确的是非观念，遇到问题要有自己的见解，决不能你好、我好、大家都好。要坚持真理，不能因为关系好把错说成对，也不能因关系不好，而把对说成错。

做人，不求大富大贵，只求人品端正！人活着，要有一颗善良的心。多些诚恳，少些计较，多些包容，少些算计，多些支持，少些诋毁，多些帮助，少些刁难。谁都不容易，己所不欲勿施于人，将心比心得到人心。

## 39　失信是最大的破产

一个人最大的破产是信用的破产！哪怕你一无所有，但只要信用还在，就还有翻身的本金。

保护好信用，珍惜别人给你的每一次信任！因为有时候我们只有一次机会！朋友有时候就像钞票，有真也有假。我们需要的是质量而不是数量。

时间是最好的验钞机！永远不要透支自己的信用！

### 生而在世，一定要讲诚信

诚信是一种美德，内诚于心，外诚与人，诚实守信是中华民族的传统美德。诚实守信是一个人立足社会的基础，也是一个人应有的基本道德品质。只有凭借诚信正直，才能拥有晋升、发展的机会，才能获得永久的成功。所谓"身正不怕影子斜"，只有堂堂正正做人，才会活得痛快，活得自由。

这是做人的第一要诀。物质的欲望是永远都满足不了的，"有千顷良田，一餐只食三碗。有万间房宇，一夜只睡一床。"物多累己。

企业的员工在与他人相处中，如果缺乏诚信，就会有损自己的形象，在职业生涯道路上，也很难行走。只有凭借诚信正直，才能拥有晋升、发展的机会，才能获得永久的成功。一个人要获得别人的信任，其前提是自己要诚实守信。

不要有非分之想，想将别人的居为己有，这是道德低下的体现。天生我人必有份，大家都要生存。贪了别人的，别人的生存就会受影响，而且贪又是一切罪恶的根源。

长时间的慵懒，会给你的身体带来灭顶之灾，只有不断地磨练自己，一些烦心的事才能远离自己。

人可以缺钱，不能缺德；可以倒下，不能跪下；可以虚荣，不能虚伪；可以失言，不能失信。

## 40 生活不易，
## 　　别忘记活给自己看

　　人的一生如此短暂，要活出自己！生命是自己的，身体是自己的，灵魂是自己的，人生也是自己的，既然都是自己的，为什么要活给别人看呢？

　　著名的股神巴菲特曾在采访时说过，他生命中最有用的一条教诲是父亲给的。

　　父亲是一个非常包容的人，从小就不会强迫他做太多事，而是会对他说：一定要尊重自己的感觉。正是这种植根于内心的自我认同感，使他培养出了极其敏锐的投资嗅觉——"别人恐惧的时候我贪婪，别人贪婪的时候我恐惧"，继而让其在几十年的投资生涯中，平稳地度过了各种大小的金融危机，并成为了世界上最有钱的富翁之一。

　　心理学家说过，如果一个人做什么，主要从自己的内心出发，就有一个真自我。相反，就是一个假自我。

　　一个人如果有太多的假自我，就会非常痛苦，甚至会内心撕裂。

　　比如说一个孩子，如果他做一件事，是为了获得父母的认同和表扬，而不是基于自己的内心，那他就可能慢慢失去自我，以致在长大后存有社交障碍。这也是为何教育学家告诉我们，虽然大人需要经常表扬和奖励孩子，以培养他们的自信心，但千万不能过分。一旦过分鼓励，孩子就可能为了奖励而做事，而不是从自己的内心出发。

　　每一个人都不同，有着自己的理想和追求，就像天上的星，有着自己运行的轨道；就像树上没有两片相同的叶子，每个人都是独一无二的存在。活给别人看，就总会感觉有无数穿心掠肺的目光；有很多飞短流长的冷言。最终乱了心神，逐渐将自己缚于一团乱麻中。

如果你做事总是没有自己的主见，经不起别人的议论，就会压力很大，就会一事无成。整天活在这些漩涡里，最后都不知该怎么办才好，迷惘了自己前进的方向。

其实，没有多少人真正把你放在心上，但你要自己记住自己！你是活给自己看的！别把别人的评价看得太重，凡事只要问心无愧，就不必计较太多。活给自己看，无论路途多险，即使步履维艰，也切勿被动地改变自己，唯有如此，你才能与众不同！

## 41 生活不易我们仍要快乐地活着

2012年的一场大火将"大喜哥"房子烧了个精光,周围的邻居对受害者却没有一丝同情,甚至还指责受害者经常烧木取暖,不仅污染周边环境,还威胁到了大家的生命安全。

大喜哥——火灾的受害者以及罪魁祸首,是个穿着粉色衣裙,扎着两条大辫子,男扮女装的男人。

滑稽的妆容、不伦不类的穿着,让火灾受害者大喜哥成了新一代的谐星网红。

人们嘲笑他让人"笑断十二指肠",说他是"史上大奇葩"。

面对邻居们的轮番指责,大喜哥看着被烧毁的房子,喃喃自语:"我灭了火才走的。"

原名刘佩麟的他,其实并不喜欢别人叫他"大喜哥"。人生充满心碎悲伤,大喜更像讽刺。

1959年3岁那年的刘佩麟被遗弃在青岛一个小车站,好心的刘姓夫妇将他带回了家。幸运的是,养父母家庭条件优越,且视他如己出;养父去世前,还将家里的小别墅记在他的名下;曾经和一个女人有过短暂的婚姻,还有了一个可爱的女儿。

命运却和他开了个巨大的玩笑。

一天夜里女儿突染重疾,妻子横遭车祸,原本幸福的家庭破碎了;随后1999年,养母重病住院,为了支付治疗费,刘佩麟卖掉小别墅却遇到了骗子,没拿到钱,房子也没了。

但他仍坚持要给养母治病,不惜到处借款,欠债十几万,依然没能留住养母的生命。

爱人的离开、母亲的离世，彻底改变了刘佩麟的一生。

从那以后，他便穿起了女装，开始了长达 16 年的拾荒生涯。

他把邻居和朋友的每一笔债记得清清楚楚，开始了以拾荒为生，努力还债的生活。

刘佩麟特别爱美，虽然不会化妆，但他还是坚持每天涂脂抹粉，打扮自己。即使住在一个破烂的小出租屋，也一定要放上三块镜子，每天出门拾荒前照一照。其中有块镜子上写着：新的一天开始了，加油！

功夫不负有心人。2016 年，刘佩麟终于还清了所有的债务。

他在一个拍客视频中哭着对去世的养父说："爸爸，我拾荒这么多年，一切债务都还清了。"

记者去采访他，一块儿等电梯的时候，他忽然冒出一句："无可奈何花落去。"

走进他破烂的小出租屋里，人们发现，他用垃圾桶里捡来的本子，写了 400 多本日记。

在他的小屋里，摆放着各种书籍，中外名著，报纸书刊。

这些年，拾荒外，读书占据了他生活中的一大部分。他喜欢读书写字的感觉，他说自己最喜欢的作家是老舍和巴金。就像刘佩麟说的那样："我穿了 20 多年的女装，从来没有犯过法，也从来没有害过人。"

这个世界上，有人住高楼，有人在深沟，有人光芒万丈，有人一身锈，世人万千种。

而刘佩麟，他只是被安放错性别和灵魂的可怜人，如今也只是选择了另一种方式活着，却有无数人视他为不男不女的奇葩怪物。可他一直在用自己的方式，体面地活着。

人生而不同，但所有的不同，都值得被尊重。在不打扰他人生活的情况下，每个人都值得被尊重，每个人都可以用自己的方式去生活。

# 42 靠谱做人，靠谱做事

靠谱是人品端正的表现，靠谱是值得人信任的依据。做人靠谱，别人尊重，做事靠谱，别人认同。靠谱是说一个人办事踏实可靠，能够让人放心。这是一项很重要的人生品质，办事靠谱的人容易获得别人的信赖，从而得到更多的资源，加速成长。

一个靠谱的人应该是守诺的人，言出必行，不放空炮。职场上不乏有些人，满嘴跑火车，说得头头是道、天花乱坠，就是有一点不落实，没行动。你叫他帮忙做事，他一般是满口答应，但很少有下文，拖延是他们的拿手好戏，拖得你一点脾气都没有，你去催，还是"好好好"，但就是不办事。这种人，时间长了，大家知道他的脾性了，一般不会找他办事了，领导也不会交给他重要的任务，这个人的职场成长还会快吗？

一个靠谱的人应该是有底线的人，他在生活、工作中有原则，坚守规矩，从不无原则地妥协。他意志坚定，不首鼠两端，变来变去。和这样的人做事，你很放心，因为他有原则，有底线，所以不用费心琢磨他的喜好，不用特意去巴结，不用想"潜规则"，只要按照既定的原则做就可，大家干干净净地做事，干干净净地做人，心里舒服痛快。一个没原则的人，充其量只是个老好人，在他眼里没有规矩可言，凭感情办事，这样的人你敢相信吗？

一个靠谱的人应该是守时的人，他知道时间的重要性，从不故意浪费别人的时间。他会把自己的生活和工作按照时间表安排得井井有条，不会白白浪费自己和他人的时间。一个总迟到的人，会把他人对自己的信任一点点消磨耗尽，因为他不仅消耗了别人的时间成本，耽误了事情的进程，还让别人意识到他的随心所欲，不讲原则，缺乏契约意识，随之把他列入"不靠谱"之列。这样的人，做事拖拉，永远得不到领导的重任和朋友的信任，结果会一身空虚，难成大器。

靠谱的人，重感情，讲信用；靠谱的人，出言有尺，戏虐有度，有原则，有分寸。一个靠谱的人，人品端正，心地善良，为人厚道，做事负责。有生之年，做一个靠谱的人，交一些靠谱的友，重情重义，深得他人信任，人品过关，一生心安！

## 43　拖延在影响我们的生活质量

还记得在年纪小的时候，总觉得时间过得很慢。对于想做的事，孩子们总会迫不及待地找机会尝试。唯独对于不想做的功课，可以拖到假期的最后一天。

但不知道从什么时候开始，"拖延"成了现代成年人生活中的一种常态。想做的、不想做的，都要拖一拖、等一等。

朋友聚会？下次再说。

健身节食？明天开始。

出门旅游？来日方长。

在一次又一次的"下次吧"中，渐渐地朋友聚会再也没叫过你，肥宅快乐餐依旧每天不停嘴；想去的地方也从来没去过。

无论在生活还是工作中，总有人被这种"习惯性拖延"所困扰。很多人容易把拖延的原因简单化：因为懒，因为缺乏安排，或是因为没有时间观念。但实际上，除了这些直观的认识，"习惯性拖延"还有着更深层次的原因，有时连拖延者自己都没有意识到。

拖延的形成原因较多，下面列举几个典型的情况：

一、把大量的时间花在与工作无关的事情上，比如：玩游戏、聊天等；

二、目标定得太高，自己没有能力完成，没有自信；

三、偷懒不想干活，能拖就拖；

四、同时有很多任务，精力达不到；

五、时间充裕，所以不着急等等。

仅做事拖拉或是懒得去做，只能说是一种"拖延"习惯，有时候拖延是无法避免的。但拖延是很容易出现恶性循环的，俗话说"破罐子破摔"，长此以往，就会降低自我的期望，导致自己的表现越来越差。

当拖延成了根深蒂固的习惯，已经影响到情绪，就会出现强烈的自责情绪以及不断自我否定、自我贬低，因而产生焦虑症、抑郁症、强迫症等心理疾病，日积月累，会影响个人的发展。

拖延在国内外被普遍认为是一种消极的行为或应对方式，《拖延心理学》的作者提出：拖延从根本上来说并不是一个时间管理方面的问题，也不是一个道德问题，而是一个复杂的心理问题。

因此，对因为拖延产生困扰的人来说，需要合理认识拖延现象，培养对自我情绪的掌控能力，如果没有心理上的自律，行动上的自律必然无法持久，用积极的心态努力摆脱拖延的怪圈，才能让我们更好地面对生活。

## 44 没空烦恼的人生最好

有位年轻人,总是活得叫苦连天。他有份稳定的工作,也有疼他的父母,不愁吃,不愁穿,也不缺乏爱。然而,他总觉得自己有无尽的烦恼纠缠在心里,挣不脱,逃避不掉。

人怎么会如此烦恼?青年很迷茫。一天,他遇上了智者,便把心底的困惑说了出来,希望得到点拨。

智者听后,微微一笑说:"尘俗间,酒池肉林,红尘曼舞,名缰利锁,一切都在引诱着人,迷乱着人。欲动,则心动,心动,自然烦恼丛生。得与失,荣与辱,起与落……你越是在乎,心就越痛苦;相反,你舍弃得越多,心就越清静。'放得下'才是消除烦恼的根源。"

年轻人点点头,若有所悟。

另一天,他遇到了慈善家。据说,这位慈善家曾挣了好多钱,却又将这些钱捐给了别人。而今,他活得很快乐。

青年又把困惑说给了慈善家,希望从他那里得到答案。

慈善家说:"我也有过和你一样的痛苦。然而,自从我学会了去关注别人,去爱别人,心底的痛苦就荡然无存了。"爱,实在是上帝给我们的一只船桨,它可以摆渡我们于苦海之外。

一个自私的人,是不会得到人生的大愉悦的。心底有爱的人,才能在爱的回声里,激荡出无穷快乐的涟漪。分担别人的痛苦,也能消解自己的痛苦;拿出自己的温暖,也会得到他人温暖的馈赠。这就是爱的神奇力量。

是的,烦恼更多时候是自私的结果。当一个人心底里盛着别人，爱着别人时，烦恼就会减轻。

慈善家的话，让年轻人有拨云见日之感。

又一次，单位组织出游，年轻人在一家农户里，见到一位老婆婆在舂米。她一边舂米，一边哼着山歌，看起来十分快乐。

他把自己的困惑也说给了老婆婆，希望从她那里得到别样的回答。

烦恼？老婆婆一皱眉，看着年轻人说，我从早到晚都在干活，忙活了一辈子，只要干着活，我就在唱歌，我就在高兴着，我哪里有时间烦恼啊。

老婆婆顿了一下，自言自语说："也许，只有闲下来的人，才会烦恼吧。"这一刻，年轻人豁然开朗：原来，这个世界，放不下、心底无爱、闲得无聊，都会是烦恼的根源。而这其中，无论是哪一样，都会成为精神的泥沼地，让一个人痛苦不尽。

当年轻人明白了这些的时候，很自然地，他也找到了人生快乐的方向。

## 45　专注力决定效率

马克·吐温说：只要专注于某一项事业，就一定会做出连自己都感到吃惊的成绩来。

专注，绝对是发展自我、发展事业最必不可少的基本素质。

诗人专注于文字世界，所以创作出精妙绝伦的诗歌艺术。

画家专注于色彩世界，所以创作出炉火纯青的传世作品。

科学家专注于科研创新，所以推动了人类文明的发展。

所以说，成大事不在于力量的大小，而在于能坚持多久。

家里亲戚有一个小孩，从小就十分好动，父母长辈们都管不过来，很是头疼。

我曾经观察这个小孩，却意外发现，她并不是天生好动，只是她周围的环境让她"静"不下来。

桌子上，茶几上，书架前都摆着各种各样的糖果、零食。家里老人喜欢逗小孩，时不时就把小孩唤到身前玩耍。房间比较杂乱，各种玩具随处可见。

我建议这个妈妈专门给孩子开辟一个"私人空间"，颜色单一，干净整洁，不放零食和玩具，让孩子在这样的地方，在一定的时间里，只开展一个学习任务。

很快，妈妈发现孩子在识记上特别有天赋，5岁的年纪已经认识几百个字。更难得的是，只要她安静下来就会很认真地写字，眼看着字也越来越好看了。

教育专家认为，与其花重金给孩子报各种各样的兴趣班、补习班，不如尽早培养孩子的专注力。

古语有言:"书痴者文必工,艺痴者技必良",专注力对人的一生至关重要,是成大事的关键,也是完善自身的基本素质。

## 46　你可以不优秀,
　　但不可以不努力

很多人遇到困难时心里想过很多的可能,没有进展时,心里就会萌生一个念头:即使努力了,也不一定会成功!

这句话,并不是在告诉大家,不要努力,不是的。只是,有的时候,你不得不承认,这是事实。但即便如此,我们还是要选择努力。

总有人在你看不到的地方,默默努力,慢慢发光。我们有很多人在这世上,都像无头苍蝇一般迷茫地活着。有些人不知道自己要什么,而有些人,明明知道自己想要什么,却迟迟不肯行动,你总是有很多的借口,"今天约了 XX 打游戏""课太多了先歇会儿再说""今天心情不好不想干别的事"……难道你忘了你心底里那个渺小的,但独一无二的梦想了吗?你忘了你谈起它们骄傲的样子了吗?你忘了你曾经如何信誓旦旦地说要坚持的誓言了吗?空打嘴炮,谁都能干得出来,但是说出去的话如同泼出去的水,真正把这些曾经庄重宣誓的壮志豪言做出来的,却又有几个?

在我眼里,不懂得坚持的人显然比迷茫的人要可怜得多,因为迷茫可以在探索中找到方向,而惰性却是永无止境的。现在的你,无论有没有方向,都请试着去坚持完成一件事。坚持早起,你会看到每天都不一样的日出;坚持早睡,你会有更佳的精神状态;坚持练字,你会写得一手好书法……目标需要培养,理想需要坚持。当你试着去完成一件事,你才会明白,其实所有大门都向你敞开,只是你选择了用逃避和懒惰来拒绝。

成功学常告诉我们:"只要坚持就会成功。"可是为什么坚持以及怎么坚持，成功学却没有说。"水滴石穿，绳锯木断"，小小的水滴怎么能把坚硬的石头滴穿呢？细细的绳子又怎么能把硬邦邦的木头锯断？这里的奥秘就是坚持。一滴水的力量很小，但是许许多多的水滴不懈地冲击石头，年复一年，日复一日，再坚硬的石头也会被滴穿。同样道理，如果用绳子不停地锯木头，木头最终也会被锯断。这就是坚持的力量。

每一个人都期待成功，很多人会纠结打工还是创业成功更快，在我看来，这都只是形式问题。创业成功的人往往打工期间也比其他人出色；打工做到高管的人，创业也往往更容易成功。那些真正成功的人，往往是因为他们有比其他人更出色的能力，吸引了更多资源，也更好地利用和整合了这些资源，创造了更大的价值。

而我们总会被别人的背景或者资源蒙蔽，忽视人家能力提升的过程。所以你要问我成功的秘诀，我觉得是：持续专注于提高自身能力。这是一个真的被大家忽视的关键，我觉得把它叫作成功的秘诀一点也不为过。不管你是在工作过程中有意地接触更多没做过的业务，提升自己能力的全面性；抑或是把一小件事情做得更深更透，提升自己专业的深度，都是在提高自身能力。

如果你只是把工作当成一个挣钱的任务，那工作对你就是一个又一个应付不完的麻烦；如果你是把工作当成一个积累能力、经验、资源的平台，是为你将来做更大的事情做准备，那么恭喜你，你可能找到了一条通往成功的快车道。另外，"持续下去"非常关键。很多人会在刚接手一项新工作的时候非常努力，等到上手后就懒惰了，这也是为什么大多数人能力成长最快的时候往往出现在职业生涯早期。

## 47　你相信梦想，
　　　梦想才会相信你

　　我经常思考这个问题：是没有遗憾地度过一生，还是精彩地度过。我想大多数人都会选择后者。因此，树立一个能够激励自己的梦想是很有必要的，如果你能够脚踏实地走下去的话，你一定不会后悔。

　　"横眉冷对千夫指，俯首甘为孺子牛"，鲁迅先生是中国文坛的巨星，他曾先后三次改志愿，最后选择了从文，一篇又一篇具有重要文学价值的文章横空出世，由此可见创作是思想的最高境界。

　　不过说再多都只是空谈，付诸于行动才是最重要的，我们时刻要谨记：决不放弃。

　　相信梦想，你永远比你想象中勇敢。

　　相信奇迹，每个人都有飞翔的权利。

　　失败不可怕，可怕的是从来没有努力过还怡然自得地安慰自己，连一点点的懊悔都被麻木所掩盖下去。不能怕，没什么比自己背叛自己更可怕。

　　跌倒了，一定要爬起来。不爬起来，别人会看不起你，你自己也会失去机会。

　　在人前微笑，在人后落泪，辛苦，可这是每个人都要学会的成长。

　　要相信，这个世界上永远能够依靠的只有你自己。所以，不管别人怎么看，坚持自己的坚持，直到坚持不下去为止。

　　也许你想要的未来在别人眼里不值一提，也许你已经很努力了可还是有人不满意，也许你的理想离你的距离从来没有拉近过，但请你继续向前走，因为别人看不到你的努力，你却始终看得见自己。

所有的辉煌和伟大，一定伴随着挫折和跌倒；所有的风光背后，一定都是一串串糅合着泪水和汗水的脚印。

成功的反义词不是失败，而是从未行动。有一天你总会明白，遗憾比失败更让你难以面对。

没有一件事情可以一下子把你打垮，也不会有一件事情可以让你一步登天，慢慢走，慢慢看，生命是一个慢慢累积的过程。

努力也许不等于成功，可是那段追逐梦想的努力，会让你找到一个更好的自己，一个沉默、努力、充实、安静的自己。

你相信梦想，梦想才会相信你。有一种落差是：你配不上自己的野心，也辜负了所受的苦难。

# 48 人生没有回头路，
  应在无悔中前行

人生，应在无悔中前行！

兴之所至，心之所安；诚之所至，人之无憾；尽其在我，顺其自然。

你来人间一趟，必须有各种心理准备，必须能应对所有！不可只能看太阳，不能看阴云；只能看鲜花，不能看荆棘；只能看彩虹，不能看雾霾；只能看美好，不能看丑陋；只能看正义，不能看邪恶。啥都能看，啥都看了，才不白来一趟，才不枉此生。

人，既要珍惜相互之间的友谊，又要勇于和对自己有恶意的人绝交。人有绝交，才有至交；人有至交，才不易绝交。

人生如水，有激荡，就有舒缓；有高亢，必有低沉。人生如花，不论是绚烂还是缤纷，是淡雅还是清新，每个生命必定有其独特的风韵。一个人的一生，会有轰轰烈烈的辉煌，但更多的则是平平淡淡的柔美。你不要不青睐平淡，正是这种无声无息的平淡，才铸就了人生的充实和美好！

明日复明日，明日何其多？凡事不要坐等明日，你若想有出息，最好今日事，今日毕，宁可透支时间，不能让时间甩下自己，徒留遗憾！一个人要学会欣赏。不会欣赏自己，就没有快乐；不会欣赏别人，自己就很难优秀。

一个人必须管好自己的嘴巴，不要夸耀自己，更不要议论别人。"世上没有不透风的墙"，背后议论或诽谤他人的人，他的人格一定会大打折扣，即便你周围的听众表面上点头称是，其实内心将会对你极其反感。

生命本是一场远行，谁与你擦肩，你与谁相遇；谁与你并肩，你陪谁前行。握不住的沙，不如扬了它。

能力大小，贵有自知之明，人生最尴尬的事，就是过高估计了自己在别人心里的位置。妄自尊大，得到最多的是失败和教训；妄自菲薄，失去最多的是成功和自信。

不乱于心，不用于情。不畏将来，不念过往。如此安好，如此无悔。

一声叹息，牵心而行；一语欢喜，随心而往；念着的芬芳，用回忆去记得；追寻的梦想，用一生去实现。在每个季节交替中，微笑着清欢，快乐着幸福。人生很短，莫留遗憾。

有些人，宽容，就无怨；有些错，原谅，就心宽；有些事，回忆，就温暖；有些景，入目，就灿烂；有些结，解开，就舒坦；有些怨，放下，就轻松。人生无悔，就是完美；生活愉快，就是圆满。

人生很短，不必追求太多；心房很小，不必装得太满。家不求奢华，只求温馨；爱不求浪漫，只愿一生相伴；事不求圆满，只求无悔无怨。

人生，一程水，一程山，跋涉着艰辛；生活，一杯忧，一杯喜，品尝着酸甜。人生，就是要在无悔中前行！

人生无悔，就是完美！

## 49　真正的富养并非是物质满足

富养理论中有这样一句话：父母希望给女儿更好的物质条件，不是一定要给她包装上公主的身份、豪门的背景、华丽的服饰和贵族的教育，只是希望她有一天独自走入这繁华社会时，不至于被男人的一粒糖拐走。

你看富养的孩子或许不会被一件有价值的礼物骗走，但她或许会被一个温暖的拥抱骗走。很多人都致力于给孩子最好的物质生活，而忽略了对他们的陪伴交流。还口口声声地说，我这么拼是为了谁，还不是想让你过得好一点。

很多人都说富养的孩子自信，做事有底气，眼界开阔。是没错。但或许你只关注到了这一点，你没有关注到他们教育孩子的方式。

有本书中是这样说的："富养女孩，并非惯养女孩，而是要在物质上开阔其视野，精神上丰富其思想。"

比起物质富养更重要的是精神的富养。

而真正的富养，其实在于养见识，带孩子开阔见识和眼界，让孩子有自己的见地。

给孩子一个开阔的眼界，认识这丰富多元的世界，看到广阔、丰富的世界，拥有独一无二的思考与见地。

身为现代父母，您知道现代孩子该怎样教育吗？很多父母认为，家庭教育就是开发孩子的智力，也就是让孩子从两三岁开始背唐诗，四五岁学英语，上学后要请家教、上辅导班，成绩一定要名列前茅，将来一定要上名牌大学。似乎只有这样，父母的教育才算成功，孩子才算成才。

实践证明，这是对家庭教育的极大误解，是升学教育在家庭教育中产生的不良后果。

家庭教育最重要的任务应该是建筑孩子的人格长城。

家里生活条件不好时，或许你不能满足孩子的物质需求，但不要整天在孩子面前嚷着家里穷，这样会培养孩子的自卑情绪，你可以教她自己努力争取。或许你没能力带她去各地旅游，但你可以带她去看更多的书，书中自有黄金屋，书中自有颜如玉。多读书的孩子气质一定不会差。或许你没有能力让她见识更多的东西，但是你可以培养她正确的三观和好的生活态度。不要让贫穷限制了孩子的想象力。有人说穷养的女孩很容易被一件贵重的礼物骗走。但物质上永远有比贵重更贵重的东西。

你无法预测在她的生命中会有多少次这种诱惑。最好的方法是让孩子形成正确的价值观，明白自己是最贵重的。

穷养的孩子的安全感是来源于一个家庭给她的无条件支持。她知道不管发生什么家庭都是她坚强的后盾。

不是有钱才叫富养。真正的富养是给孩子丰富的教养，正确的三观，优秀的品质。

# 50　低调做人的智慧

低调做人，是一种难得的处世哲学，纵观古今，多少英雄才子成败皆由此。一个人倘若真正弄懂了其中的玄机，不论天南地北，定能造出一番天地。

### 低调是一种古老的智慧，是一种优雅的人生态度

它代表着豁达，代表着成熟和理性，它是和含蓄联系在一起的，它是一种博大的胸怀、超然洒脱的态度，也是人类个性最高的境界之一。

低调做人是做人的最佳姿态，为人们所悦纳、所赞赏、所钦佩，这正是人能立世的根基。根基既固，才有枝繁叶茂，硕果累累；倘若根基浅薄，便难免枝衰叶弱，不禁风雨。低调做人，不仅可以保护自己、融入人群，与人们和谐相处，也可以让人暗蓄力量、悄然潜行，在不显山不露水中成就事业。

### 低调，是一种谦虚的姿态

大地只有放低自己的姿态，才能聚水成海，人只有放低自己的气势，才能最终成才。世间万物皆从低而起，参天大树离不开苍劲的树根，高楼大厦离不开扎实的地基。

### 低调，是一种不张扬的善良

三国时期的文学家李康在《运命论》中说过这么一句话："木秀于林，风必摧之；堆出于岸，流必湍之；行高于人，众必非之。"

意思是，一棵树木高过了整片森林，必然会受到风的摧毁；

一堆石头高出了海岸线，必然会受到流水的冲击；一个人行事过于高调，难免别人会嫉妒你，诽谤你。

你在一个只喝得起粥的人的面前天天谈论鲍鱼有多么美味，就算你只是单纯分享，也会遭人非议。不要让你的幸福吵到别人，有时候低调是一种不打扰的善良。藏好自己的幸福，贵而不显、华而不炫，这才是真正的智者。

不论是生活中还是工作上，面对比自己幸福、优秀的人，大家总会不自觉地心生艳羡，这是人之常情。

艳羡过头了，就会产生嫉妒，嫉妒将会使人充满攻击性。为什么那些在网上炫富和秀恩爱的人，总是被人诟病甚至辱骂？就是因为他们炫耀过了头，激起了一些人心中的不良情绪。人在网络上失去了身份的束缚，就会变得肆无忌惮。

一个人不管有多优秀，都要学会审时度势，低调做人。

就连首富李嘉诚也时常告诫自己的儿子："保持低调，才能避免树大招风。"风头出多了，只会让你成为众矢之的。低调有时也是一种自我保护。

总而言之，低调不是压抑自己的情绪，更不是懦弱。它是一种素养，一种谋略，一种善良，一种为人处世的智慧。低调的人更能不受他人影响，专心做自己的事，也就更容易成功。

# 51 换一个角度，
    换一种生活

生活的道路很多，当前面的路走不了，你要懂得拐弯，换一个角度，换一种活法。

有这样一段对话：

老和尚问小和尚：如果你跨前一步是死，退后一步是亡，你怎么办？

小和尚毫不犹豫地说：我往旁边去。

是的，路并非只能向前向后，当进退两难，你要换一个角度，换一种活法。有这样一个故事：

一片还很青翠很亮丽的树叶，在一阵狂风中，被无情地刮落，可怜地飘向地面……

难道就这样过早结束生命，化为淤泥？树叶在飘落中痛苦挣扎着，思考着，抗争着……它借助着风，努力飞舞，寻找延续生命的机会。

终于，它停在一位少女的脚下，被少女捡起。少女以欣赏、怜爱之心，将树叶制成美丽的书签。树叶保全了生命的脉络，从此与文字相伴，和墨香相依，生命得以重生。

是的，生命有多种方式，当遭遇灾难，你要换一个角度，换一种活法。有这样一个人物：

世界级文学大师、现代派文学的开山鼻祖卡夫卡，从小性格孤僻，沉默寡言，懦弱胆怯，多愁善感，总喜欢一个人躲在角落里发呆。父亲对他很不满意，后来对他彻底失去信心，索性不再管他，任他自生自灭。在父亲的眼里，他是一个彻头彻尾的懦夫，一个毫无前途可言的可怜虫。但卡夫卡在父亲一次次地伤害中，学会了察言观色，学会了承受和忍耐，也体会到了生活的痛苦与无奈。更令人震惊的是，一次偶然的机会，他走上了文学创作的道路，他把对生活的敏感，怯懦的性格，孤僻忧郁的气质，难以排遣的孤独和危机感，无法克服的荒诞和恐惧，融入到小说之中，形成独特绚丽的风格，成为那个时代资本主义社会的精神写照。他的《变形记》《判决》《城堡》等作品享誉全球，经久不衰，成为奥地利最负盛名的作家。卡夫卡的成功告诉人们，有些东西无法改变，比如性格、容貌、高矮等，对于这些与生俱来的缺陷，没有必要去改变它，更不要为此懊恼和自卑。每个人都有自己的优点，但也都有自己的缺陷，与其抱怨上天对自己的不公，不如去寻找一片适合自己生长的土地。

是的，生命各有各的精彩，当劣势已无法改变，你要换一个角度，换一种活法。

有无数现实的例子：

似乎是生活的弱者，在经历生活艰辛，高考落第，就业被拒，到处碰壁的一系列失败后，终于另辟蹊径，成为生活的强者，获得人生的成功，绽放生命的美丽。

是的，生活的道路很多，当前面的路走不了，你要懂得拐弯，换一个角度，换一种活法。

只要眼睛能越过障碍，心能放下当下，开阔视野，转变观念，改变生活方式，再悲惨的生活也会峰回路转，再痛苦的人生也会柳暗花明。你的生命，也将因改变而精彩！

## 52  放弃也是一种自由

　　街上新开了一家包子铺，听人说他家做的花卷不错，很好吃。
　　那天早上，慕名而至，去买花卷的时候，刚好人不多，老板给我介绍说："小的花卷，一块钱一个；大的那种，三块一个。"他跟我推荐说，一般人都喜欢买三块的那种，那样更划算。
　　我看了一下，小的那种花卷，我吃两个的话，有点不够；三块一个的那种，我有点吃不掉。这样想来，于是就对老板说："给我拿两个一块的小花卷吧！"老板笑着说："你真会算计！"平心而论，不是我会算计，而是我认为买三块一个的花卷，我吃不掉，那是种浪费，没那个必要。
　　划算，与我而言并不重要，我买东西，关键是看我适不适用，需不需要，至于说划不划算，打不打折，或者是不是促销都无关紧要。自己需要的东西，再贵也得要买；自己不需要的东西，就是再便宜，任你说得天花乱坠，我也不去考虑，不需要嘛，买回家去，浪费了钱不说，不用，摆在家里也占地方，说来就是种浪费。
　　放弃，是一种智慧、一种豁达、一种领悟，更是一种人生的境界。放弃，对心境是一种宽松，对心灵是一种滋润，它驱散了乌云，清扫了心房。有了它，人生才能有爽朗坦然的心境；有了它，生活才会阳光遍地，人生有太多的诱惑，不懂得放弃，只能在诱惑的漩涡中丧生；人有太多的欲望，不懂得放弃，就会在人生的道路上迷失方向。只有学会放弃，才会活得更加简单，更加洒脱，更加自由。做一件平常事，学会放弃许多；当一个平凡人，简简单单地生活。唐代伟大的文学家柳宗元在《蝜蝂传》中说，有一种善于背东西的虫叫蝜蝂，行走时每遇一物便取来负于背上，越积越重，又不愿放下一些，终于被压倒在地上。有人可怜它，帮它取下一些负重，它爬起来继续前行，遇物又取之背负如故。紧闭的窗户前有一只蜜蜂，它不断地振起翅膀向前冲去，撞上玻璃跌落下来，又振翅飞起撞过去。

　　真正的聪明人懂得见风使舵，成功的人知道左右逢源，其实放弃的至高境界就成了灵活，所谓"户枢不蠹，流水不腐"讲得也是这个道理。所以该放手时就放手，因为前方的路还要我们去走，精彩还在后面，放弃一些原本不应该属于自己的，去把握和珍惜真正属于自己的，去追寻前方更加美好的。放弃一些烦琐，为了轻便地前行；放弃一丝怅惘，为了轻快地歌唱；放弃一段凄美，为了轻松地梦想。放弃，是一种伤感，但更是一种美丽。其实放弃不是输赢的结果，更不是懦弱的表现，放弃是一种大度，更是一种豁达。真的放弃了，你会发现，它还是一种脱胎换骨的境界，一种不言而喻的轻松，在心头折磨了你多年、让你进退维谷的念头就那么悄无声息地离你而去了。敢于放弃，在落泪之前悄然离去，只留下一个简单的背影；敢于放弃，将昨天埋在心底，只留下一份美好的回忆。

　　少听别人怎么说，自己多想想，根据自己的需要来决定买还是不买。有些时候，不要，或是放弃了也是种自由，有得才有失。

## 53　幸福是自己内心的满足

我们生活在这繁华喧嚣的人世间，都希望自己是一个幸福的人，关于人世间的幸福这个问题，每个人都有每个人的答案，我们生活在这个尘世间，都有每个人不同的经历。每个人对于幸福的解释，也就都不同，无论哪一种幸福，都有每个人内心里最温情的认识和最质朴的感受。

尘世的幸福，是一种有趣的生活，一个人心灵与精神的满足，才最接近人世间的圆满，自己在有限的生存时间里，要有一个很好的状态，有自己的情趣爱好，每天要做的事都有顺心如意的感觉。

人生中的生活生动美好，就是自己的一种幸福。比如读书做自己能做的事情，都属于自己的幸福。

人生达到一定的境界，是一种自己最亮丽与完美的幸福生活，幸福是每天明朗愉快的好心情。

幸福，是一份自己的责任；幸福，是每个人家庭与事业的结合体。一个有责任感的人，在行走之中，就会自然地获得幸福。为了事业和家庭，即使付出再多的汗水、辛苦，也是一种很快乐的事。体会到亲情与爱情的美好，自身价值被肯定的时候，享受着成功的喜悦，品味着自酿甘美。必然是满满的幸福感。

人的一生不如意十之八九，一定要保持淡定强大的内心，不被凡尘扰乱平静的脚步，不让琐碎驾驭自由的生活。快乐，是内心的满足、幸福，是知足的感受。

不要将人生变成物质的竞技，不要把计较与争取混为一谈，凭借善良和智慧到达幸福的彼岸,借助宽容豁达消除内心不平。

　　花只开一季,人只活一生。既然置于红尘中,心灵就无法做到纤尘不染,千帆过尽,学会坚强一点、从容一点、潇洒一点。你对了,世界就对了。

# 54 成功的家庭教育有哪些秘诀

家庭教育在孩子成长路上扮演的角色至关重要,随着时代变迁,家庭教育同样碰上了前有未有的挑战。什么样的家教是成功的?成功的家庭教育有什么秘诀?

"我的手很小,无论在什么时候,请不要要求我十全十美;我的腿很短,请慢些走路,以便我能跟得上您。我的眼睛不像您那样见过世面。请让我自己慢慢地观察一切事物,并希望您不要对我加以过分的限制……"——《美国孩子对父母的"告诫"》

随着这个信息时代的来临和发展,当今的家庭教育面对着从未有过的挑战。教育是什么?如何教育好自己的孩子?这是所有父母碰到的难题。

**现代成功的家庭教育有 10 个秘诀**

**一、强调非智力因素培养**

孩子在活动中是否具备了正确的动机、浓厚的兴趣、饱满的情绪、坚强的毅力以及良好的个性,即我们称之的非智力因素。对于孩子的智力发展,家长们都很重视,但对于孩子的非智力因素,特别是兴趣与自信的培养,则很容易被忽视。

**二、创设丰富环境**

环境是一本大书,环境更具有教育功能,而 3~6 岁的孩子正是在与环境相互作用的过程中认识周围世界,增长知识、发展能力,创设有趣味的环境,以鼓励孩子去探索,去寻找新奇和感兴趣的事物。例如家长可在自家阳台墙壁上贴上大白纸,设计成"宝宝创作园地"，提供各种绘画材料，如水粉颜料、蜡笔、水彩笔、蜡光纸、剪刀等，鼓励孩子进行意愿画、想象画等。

## 三、构建"学习型家庭"

要创建"学习型家庭"，必须确保"三优先"：为孩子创造安静的学习环境优先，在家庭中创造浓厚的学习气氛优先，增加教育投入优先。建立这样的家庭，有利于形成浓厚的学习氛围，有利于孩子的学习与成长，具有"全员、平等"的特点。家长应该带头学习和读书，因为这是一种无声但却是十分有效的教育。

## 四、鼓励体育运动

强调体育运动对孩子健康、智力、创造力、情感和社会性发展的意义。应该以多种方式鼓励孩子进行各类体育运动来增强他们的运动能力。另外，对于运动中的安全问题，不应采取消极回避的态度。实践研究结果表明，在运动方面受到鼓励的孩子不光运动能力较强，而且事故发生率较低。

## 五、激发孩子的进取精神

没有主动进取精神，就意味着一个孩子对生命没兴趣、对人生没有兴趣、对自我没有兴趣、对一切都没有兴趣，苏联教育家苏霍姆林斯基认为，"学习"是一种脑力劳动，而脑力劳动的特点是劳动者必须处于"主动状态"才能学习好。如果没有主动进取精神，孩子是无法学习好的。

## 六、培养想象和创造力

巴特尔说过："现实中，一点儿创造力都没有的儿童是根本不存在的。"孩子的想象力和创造力是没有限制的，关键在于育人者如何看待孩子的想象力和创造力，如何正确地加以引导。众所周知只有先有兴趣才能有创造，因此家长可以细心观察孩子的兴趣所在，培养、引导和支持孩子的兴趣，让孩子在自己喜爱的兴趣上多动手动脑。

七、讲究亲子沟通的艺术

亲子之间的沟通不应被视为一种理论的实践，也不仅限于言语上的表达，而是在日常生活中，随时随地表现出来的，除了文字的传递之外，它包含的方式很多，包括表情、手势、姿态、声调等等，在此强调：良好的沟通是以上各种方式的综合灵活运用。

八、良好习惯的塑造

一次世界各国获诺贝尔奖的科学家集会，记者采访，向他们提出同一个问题，即"在自己成长过程中，对自己影响最大的是什么"。70多位科学家不约而同地回答是上幼儿园时，老师教的坐要端正，走路要有秩序，饭前洗手，不乱扔纸屑，不欺侮小朋友等良好的行为习惯。良好的习惯是他们做人和后来成就事业的基础。由此可见，良好习惯的养成，对于孩子的健康成长和将来的作为，有着多么重要的意义。日本教育家福泽谕吉也指出："家庭是习惯的学校，父母是习惯的老师，这一习惯之学校在某种程度上讲，不顾家庭教育，预期达到教育之效果，犹如缘木求鱼，是最愚蠢不过了。"

九、统一家庭教育阵线

作为家长，在对待教育孩子的问题上，家庭内所有成员要达成一致，必须多沟通、交流、互相支持，千万不能在孩子面前大吵大闹，把分歧暴露给孩子。有分歧没关系，关键是我们要正确面对，达成一致，这样才能给孩子健康成长创造良好的家庭环境。

十、尊重信任，促进孩子的主动发展

尊重和信任，是现代教育的第一原则。尊重信任孩子，意味着爱护他们善良美好的心灵，用心换心，用信任赢得信任。要保护孩子的自尊，培养自信，促使孩子的自我发展。

## 55　管理好自己的负面情绪

管理好自己生活中的那些伤感情绪，留一段烦恼当记忆并不难，问题是这一段烦恼会成为心里的伤痕，将来的日子，会消耗更多的力量来治愈，甚至会让生活更加辛苦，烦恼只会给谁添堵，而不会陪谁同老。

每个人都在经历岁月的磨砺，最后成为独立的自己。既然要活出自己的喜悦，就要学会欣赏别人的风采。生命中内心狭隘的时候，包括那些内心的消极与浮躁，都是人生的自我摧残。

生活的质量，在于能够对生活感知，而不是在疲惫里叹息，更不用说是在泪水里滋养。

为生命准备几分乐观，好在痛苦来临的时候能咬紧牙关，就像对幸福的思考，其中本来就包括那些深刻的痛苦，只是事后回忆起来还是能够看到希望，人生并没有被痛苦打败。这漫长的人生能干点什么，不是用来惦记有多少失去，而是悲伤过尽，治疗自己的脆弱。

生命的维系，不是徘徊于当前的缺失，而在于对生命信念的承诺和面对烦恼的勇敢，不管当下是你想要的生活还是你不想要的生活，生命的节奏，从来都不是在困惑中徘徊，而在于就算泪流满面，也要思考怎么样才能向前。

## 人最软弱的地方是舍不得　56

我们一直觉得妥协一些、将就一些、容忍一些可以得到幸福。但你的底线放得越低，你得到的就是更低的那个结果！不是吗？

不要因为寂寞爱错人，更不要因为爱错人而寂寞一生，尝试信任才能得到幸福。缘分是本书，翻得不经意会错过，读得太认真会泪流。女人会记得让她笑的男人，男人会记得让他哭的女人，可是女人总是留在让她哭的男人身边，男人却留在让他笑的女人身边。

多少人在说，我会等你，等你回心转意的那一天；我会等你，等你愿意和我在一起的那一天；我会等你，等你离开那个人来到我身边的那一天；我会等你，等你⋯⋯然而人们可曾知道，世上的爱情，没有几份真的经得起等待！

这个世界上最残忍的一句话，不是对不起，也不是我恨你，而是我们再也回不去。就是这样再简单不过的一句话，生生地将两个原本亲密的人隔为疏离。没有经历过的人，永远都不会明白，那是怎样的一种切肤之痛。

最宝贵的不是你拥有的物质，而是陪伴在你身边的人。不能强迫别人来爱自己，只能努力让自己成为值得爱的人，其余的事情则靠缘分。

爱总是会使我们有太多期许：希望长久，希望不会分别，希望占有和实现。而最终只是觉得有些许厌倦，不知道该往哪里去。爱情就是这样，有些人会慢慢遗落在岁月的风尘里，哭过、笑过、吵过、闹过、再恋恋不舍也都只是曾经。

世界上最动人的情话，不是"我爱你"，而是在我需要的时候，你说"I'll be here"。

每一个不敢再爱的女人，一定很深地爱过。看起来好像百毒不侵，其实早已百毒侵身。

女人好比梨，外甜内酸。吃梨的人不知道梨的心是酸的，因为吃到最后就把心扔了，所以男人从来不懂女人的心。男人就好比洋葱，想要看到男人的心就需要一层一层去剥！但在剥的过程中你会不断流泪，剥到最后你才知道洋葱是没心的。

爱情里最忌讳的是：两人都幻想着彼此的未来，却也总惦记着对方的过去。明明说着看开了，放下了，每次却总是不自觉地想起那个给予温暖的人。

每每又总是在微笑沉醉时看到了现实，想到了伤痛，然后冷的感觉再也暖和不起来了。如此反复，心，终于累了，现实就是这样。我曾经醉过，却又最终醒来，我正在行走，却找不到方向。

我想给你幸福，却走不进你的世界。我想用我的全世界来换取一张通往你世界的入场券，不过，那只不过是我的一厢情愿而已。我的世界，你不在乎；你的世界，我被驱逐。我真的喜欢你，闭上眼，以为我能忘记，但流下的眼泪，却没有骗到自己。

道歉并不总意味着你是错的，而对方是正确的。有时它只是意味着相对自我而言，你更珍惜你们之间的关系。

有些伤痕，划在手上，愈合后就成了往事；有些伤痕，划在心上，哪怕划得很轻，也会留驻于心；有些人，近在咫尺，却是一生无缘。生命中，似乎总有一种承受不住的痛。有些遗憾，注定了要背负一辈子；生命中，总有一些精美的情感瓷器在我们身边跌碎，然而那裂痕却留在了岁暮回首时的刹那。

一、一个人炫耀什么，说明内心缺少什么。一个人越在意的地方，就是最令他自卑的地方。

二、有些人越想得到的，就越是装作无所谓；越怕失去的，就越是装作不在乎。

三、人越是得意的事情，越爱隐藏；越是痛苦的事情，越爱小题大做。

四、憎恨某人，优点被看成伪装；喜欢某人，缺点也变得美好。

有时候，同样的一件事情，我们可以去安慰别人，却说服不了自己。

热恋时的爱情，可以什么都不在乎。只要你要，只要我有，因为我爱你，所以我愿意。一旦感情平复了下来，心中就会出现接连不断的计较，为什么我付出得比你多；为什么我什么都可以给你，你却要有所隐瞒，然后冷战、争吵、、分手、和好、冷战……走得过的就是执子之手，走不过的就只能缅怀当初。

在爱情没开始以前，你永远想象不出会那样地爱一个人；在爱情没结束以前，你永远想象不出那样的爱也会消失；在爱情被忘却以前，你永远想象不出那样刻骨铭心的爱也会只留淡淡痕迹；在爱情重新开始以前，你永远想象不出还能再一次找到那样的爱情。

有些人一直没机会见，等有机会见了，却又犹豫了。有些事一直没机会做，等有机会了，却不想再做了。有些话埋藏在心中好久，没机会说，等有机会说的时候，却说不出口了。有些爱一直没机会爱，等有机会了，已经不爱了。有些话有很多机会说的，却想着以后再说，要说的时候，却已经没机会了。

也许你没有貌，但你有才；也许你没有才，但你温柔；也许你不温柔，但你……也许你什么都没有，但是也许，他（她）正爱着你的平凡。

时间会告诉你一切真相。有些事情，要等到你渐渐清醒了，才明白它是个错误；有些东西，要等到你真正放下了，才知道它的沉重。

能牵手的时候，请别肩并肩；能拥抱的时候，请别手牵手。能相爱的时候，请别说分开；拥有了爱情，请别去碰暧昧。

男人对女人的伤害，不一定是他爱上了别人，而是他在她有所期待的时候让她失望，在她脆弱的时候没有给她应有的安慰。

世界没有悲剧和喜剧之分，如果你能从悲剧中走出来，那就是喜剧；如果你沉湎于喜剧之中，那它就是悲剧。如果你只是等待，发生的事情只会是你变老了。人生的意义不在于拿一手好牌，而在于打好一手坏牌。

如果彼此出现得早一点，也许就不会和另一个人十指紧扣。又或者相遇得再晚一点，晚到两个人在各自的爱情经历中慢慢地学会了包容与体谅，善待和妥协，也许走到一起的时候，就不会那么轻易地放弃，任性地转身，放走了爱情。但时间不会回头，爱情岂能"如果"？

人最软弱的地方，是舍不得。

舍不得一段不再精彩的感情，舍不得一份虚荣，舍不得掌声。我们永远以为最好的日子是会很长很长的，不必那么快离开。就在我们心软和缺乏勇气的时候，最好的日子毫不留情地逝去了。

有时候，你等的不是事情，机会，或是谁，你等的是时间。等时间，让自己忘记，等时间，让自己改变，放弃便是得到，forgetit=forgetit.

喜欢一个人是一种感觉，不喜欢一个人却是事实。事实容易解释，感觉却难以言喻。

通常，每一个内心强大的女人背后都有一个让她成长的男人，一段让她大彻大悟的感情经历，一个把自己逼到绝境最后又重生的蜕变过程。一个拥有强大内心的女人，平时并非是强势的、咄咄逼人的，相反她可能是温柔的、微笑的、韧性的、不紧不慢的、沉着而淡定的。

喜欢你的人，要你的现在；爱你的人，要你的未来。

不要站在旁边羡慕他人的幸福，其实自己的幸福一直都在你身边。只要你还有生命，还有能创造奇迹的双手，你就没有理由当过客、当旁观者，更没有理由抱怨生活。因为只要努力，幸福伸手就可以够得着。

往往喜欢一个人的时候，不需要任何理由；不喜欢一个人的时候，却拥有很多借口。

假如你想要一件东西，就放它走。它若能回来找你，就永远属于你；它若不回来，那根本就不是你的。

最佳的报复不是仇恨，而是打心底发出的冷淡，干吗花力气去恨一个不相干的人。

如果不幸福，如果不快乐，那就放手吧；如果舍不得，如果放不下，那就痛苦吧。不了解一个人，还可以爱他；不爱一个人，还可以思念他；有些人不经意出现，意外地给你惊喜。曾以为他是你生命中的神，可以拯救心灵的干渴，其实错了，有些人注定只是人生里匆匆行走的过客。

你最爱的，往往没有选择你；最爱你的，往往不是你最爱的；而最长久的，偏偏不是你最爱也不是最爱你的，只是在最适合的时间出现的那个人。

如果一个男人真的爱你，他不会冷落你超过三天，因为想念你的日子很难过；如果一个男人真的爱你，他会觉得你是最好的，不会将你和其他女人比较，即便你并不优秀；如果一个男人真的爱你，他会时时想着让你开心，不会让你流泪；如果一个男人真的爱你，他会默默地付出一切，但很少让你知道他所做的牺牲。

你要相信，有一个人正向你走来，他会带给你最美丽的爱情。你要做的只是在那个人出现之前，好好地照顾自己。伤心并没有用，如何让自己好好地生活才最重要。爱情虽美，却不是生活的全部：天长地久，海枯石烂的爱情微乎其微；相濡以沫，白头偕老的婚姻却随处可见。离去的注定是今生错过；属于你的，一定在某一个地方等着你的出现。

遇到你真正爱的人时，要努力争取和他相伴一生的机会，因为当他离去时，一切都来不及了；遇到可相信的朋友时，要好好和他相处下去，因为在人的一生中，遇到知己真的不易；遇到曾经爱过的人时，记得微笑，因为他是让你更懂爱的人。

人最悲哀的，并不是昨天失去得太多，而是沉浸于昨天的悲哀之中。人最愚蠢的，并不是没有发现眼前的陷阱，而是第二次又掉了进去。人最寂寞的，并不是想等的人还没有来，而是这个人已从心里走了出去。

小时候，希望自己快点长大，长大了，却发现遗失了童年；单身时，开始羡慕恋人的甜蜜，恋爱时，怀念单身时的自由。很多事物，没有得到时总觉得美好，得到之后才开始明白：我们得到的同时也是在失去。

忘记一个人，并非不再想起，而是偶尔想起，心中却不再有波澜。真正的忘记，是不需要努力的。

节日会让幸福的人更幸福，孤独的人更孤独。

人生短短数十载，最要紧的是满足自己，不是讨好他人；每个人总有不愿意公开的秘密，千万不要苦苦相逼；无论怎么样，一个人借故堕落总是不值得原谅的，越是没有人爱，越要爱自己。

爱一个女孩子，与其为了她的幸福而放弃她，不如留住她，为她的幸福而努力。

维系一段感情的，不是坦白，而是考虑到对方的感受，有所保留。

明白的人懂得放弃，真情的人懂得牺牲，幸福的人懂得超脱。对不爱自己的人，最需要的是理解，放弃和祝福，过多的自作多情是在乞求对方的施舍。爱与被爱，都是让人幸福的事情，不要让这些变成痛苦。

我们常常看到的风景是：一个人总是仰望和羡慕着别人的幸福，一回头却发现自己正被仰望和羡慕着。其实，每个人都是幸福的。只是你的幸福，常常在别人眼里。爱情这东西，时间很关键，认识得太早或太晚都不行。

有时候，面对着身边的人，突然觉得说不出话。有时候，曾经一直坚持的东西一夜间面目全非。有时候，想放纵自己，希望自己痛痛快快歇斯底里地发一次疯。有时候，别人突然对你说，我觉得你变了，然后自己开始百感交集。有时候，觉得自己拥有着整个世界，一瞬间却又觉得自己其实一无所有……

生活中最大的幸福就是，坚信有人爱着我们。

当明天变成了今天成为了昨天，最后成为记忆里不再重要的某一天，我们突然发现自己在不知不觉中已被时间推着向前走，这不是在静止火车里，与相邻列车交错时，仿佛自己在前进的错觉，而是我们真实地在成长，在这件事里成了另一个自己。

一生至少该有一次，为了某个人而忘了自己，不求有结果，不求同行，不求曾经拥有，甚至不求你爱我，只求在我最美的年华里，遇到你。——徐志摩

在你根本不知道我存在的情况下，我其实已经从头到尾、完整地爱过你十遍了……（康永给未知恋人的爱情短信）

有一天那个人走进了你的生命，你就会明白，真爱总是值得等待的。

你遇上一个人，你爱他多一点，那么，你始终会失去他。然后，你遇上另一个，他爱你多一点，那么，你早晚会离开他。直到一天，你遇到一个人，你们彼此相爱。终于你明白，所有的寻觅，也有一个过程。从前在天涯，而今咫尺。——张小娴

让你哭到撕心裂肺的那个人,是你最爱的人;让你笑到没心没肺的那个人, 是最爱你的人。

有些人不能在一起,可他们的心在一起;有些人表面上在一起,心却无法在一起;有些人从没想过要在一起,却自然而然地在一起;有些人千辛万苦地终于在一起了,却发现他们并不适合在一起。就算最后,我们没有在一起,至少爱,还是会在一起。爱在一起,就在一起!每天早上醒来,看见你和阳光都在,这就是我想要的未来。

## 人生最大的成功是健康　57

　　花开一季，春华秋实，或热烈，或寂静；或惊艳，或素雅。美丽是一季，淡然也是一季。

　　人活一世，生老病死，或辉煌，或平凡；或精彩，或平淡。快乐是一生，痛苦也是一生。

　　人生是一趟旅行，一辈子真的很短，即使有许多遗憾，我们也没有从头再来的机会。再留恋的风景，终究会在时光中淡去；再美好的年华，也会在岁月中苍老了容颜。

　　浮生若梦，悲欢几何？人生百年，不过光阴一霎；功名利禄，无非身外之物。荣华富贵也好，贫穷困苦也罢，生命轮回中，这生老病死，谁人能例外呢？

　　世间万物，终归是尘归尘，土归土，从何处来，到何处去，岁月往复不止，生命轮回不息，只有时光安然无恙。

　　哲人说，活在昨天的人失去过去，活在明天的人失去未来，活在今天的人拥有过去和未来。

　　人生最重要的不是得不到和已失去的，而是珍惜所拥有的一切。与其纠结无法改变的过去和未知的明天，我们不妨潇洒地活在今天，微笑着珍惜当下的时光。

　　林徽因说，终于明白，有些路，只能一个人走。

　　那些邀约好同行的人，一起相伴雨季，走过年华，但有一天终究会在某个渡口离散。既然注定要分开，那么天涯的你我，各自安好，是否晴天，已不重要。

　　佛说，放下了，便是拥有了。

放下，不是放弃，放下的仅仅只是心中的执念。放下执念，看淡得失，才能品尝幸福。有些事，不想发生，却不得不接受；有些人，不愿失去，却不得不放手。

　　人生中有许多的无能为力，我们要学会适应这个多变的世界，只有拿得起，放得下，看得开，你才能读懂人生的真谛。我们既要珍惜缘分，更要看淡得失，聚散随缘。要知道，遗憾才是生活，无常才是人生。

　　本来无一物，何处惹尘埃。人生太长，我们怕空虚寂寞；人生太短，我们怕一晃到老。

　　人生路上，我们有着太多的欲望，总想得到更多的东西，结果曾经干净的心不再纯洁，昔日清澈的眼眸落满尘埃，被世俗蒙蔽了双眼，看不到真实的世界。当你回首往事，才发现耗尽一生苦苦追求的，到头来并不真正属于你。

　　当繁华落尽，我们才深深懂得，那些拥有与失去的，那些荣华富贵与名利纷争，不过是一场梦。

　　简单最美，纯粹最真。用简单的心境，对待复杂的人生，方能看淡得失，从容入世。

　　心变得简单了，世界也就简单了，快乐便会降临。你对世界微笑，世界自然也会对你微笑。心即是境，境即是心。你有着怎样的内心世界，便会拥有怎样的人生境界。

　　花开一季，人活一世。花开花落，犹如人生起伏。人的一生，要像一朵花的绽放，即使短暂，也要灿烂；即使无常，也要快乐；即使枯萎，也要美丽。人生最大的成功，不是赚取多大的财富，获得多高的名誉，而是健康、快乐和有意义地活着。拥有内心的快乐和精神的富足，才是人生真正的意义所在。愿我们每个人，都能够拥有自己真正想要的生活，富足一生，幸福一生。

## 生活不易总要激励一下自己　58

一、生命太过短暂，今天放弃了明天不一定能得到。

二、所有的胜利，与征服自己的胜利比起来，都是微不足道。

三、当一个人先从自己的内心开始奋斗，他就是个有价值的人。

四、攀登者智慧和汗水，构思着一首信念和意志的长诗。

五、跑得越快，遇到风的阻力越大。阻力与成就相伴随。

六、有时候，坚持了你最不想干的事情之后，会得到你最想要的东西。

七、人在的时候，以为总会有机会，其实人生就是减法，见一面少一面。

八、生活可以漂泊，可以孤独，但灵魂必须有所归依。

九、世界很大、风景很美、机会很多、人生很短，不要蜷缩在一小块阴影里。

十、生命中最难的阶段不是没有人懂你，而是你不懂你自己。

十一、当你面对挫折、面对不如意的时候，应该有淡定如水的心境。读懂了淡定，才算懂得了人生。

十二、流过泪的眼睛更明亮，滴过血的心灵更坚强！

十三、自己选择的路、跪着也要把它走完。

十四、你可以很有个性，但某些时候请收敛。

十五、发光并非太阳的专利，你也可以发光。

十六、理想的路总是为有信心的人预备着。

十七、抱最大的希望，尽最大的努力，做最坏的打算。

十八、有些事情本身我们无法控制，只好控制自己。

十九、自己要先看得起自己，别人才会看得起你。

二十、生命太过短暂，今天放弃了明天不一定能得到。

二十一、不要对挫折叹气，姑且把这一切看成是在你成大事之前，必须经受的准备工作。

二十二、第一个青春是上帝给的；第二个的青春是靠自己努力的。

二十三、没有口水与汗水，就没有成功的泪水。

二十四、当你感到悲哀痛苦时，最好是去学些什么东西。学习会使你永远立于不败之地。

二十五、世界上只有一样东西是任何人都不能抢走的，那就是智慧。

二十六、一个人有生就有死，但只要你活着，就要以最好的方式活下去。

二十七、赞美是一种激励，给别人赞美的同时，不要忘了也给自己一点赞美。

二十八、卓越的人的一大优点是：在不利与艰苦的遭遇里百折不挠。

二十九、莫向不幸屈服，应该更大胆、更积极地向不幸挑战！

三十、人得自知，既然没种去死，那就找点乐子活下去。

## 用积极的心态对待自己和别人　59

积极心态作为乐观自信的重要心理素质，是"快乐"的决定性原料，下面的建议相信一定能提高你自信乐观的"度数"。

### 积极寻找最佳新观念

正如法国作家雨果说的："没有任何器械的威力比得上一个合时的主意"。有积极心态的经理人时刻在寻找最佳的新观念，这些新观念能增加积极心态者的成功潜力。有些经理人认为，好主意可遇弗成求。但事实上，要找到好主意靠的是立场，而不是能力。一个乐观自信有创造性的经理人，总能时刻准备着，而且在寻找的过程中，毫不随意马虎扔掉一个主意，直到他对这个主意可能产生的优缺点都彻底弄清楚为止。

### 把自己算作成功者

美国亿万财主、企业家卡内基说过："一个对自己的心有完全支配能力的人，对他自己有权获得的任何其他器械也会有支配能力。"当经理人们开始用乐观自信的心态并把自己算作成功者时，那么，他们就开始走向成功了。

### 培养奉献的精神

通用公司一些经理人忠言属下的营业员："忘掉你的推销义务，一心想着你能带给别人什么。"他们发现，一旦人们思维集中于办事时，就立刻变得更有冲劲，更有力量，使人无法拒绝。说到底，谁能抗拒一个不遗余力帮助自己解决问题的人呢？所以，经理人不防把帮助别人算作自己的生活理念。

## 用积极的心态对待别人

将乐观自信融入到治理的品德中去，在与人共享"积极心态"时，企业经理人必须扼守以下两个基本的治理目标：

用美好的感受、信心与目标去影响别人。

跟着经理人的行动与心态日渐积极，他们会慢慢获得一种美满人生的感受，信心日增，在企业治理中的目标感也越来越强烈。紧接着，员工可能会受到感染，因为他们老是爱跟积极乐观者在一路。

## 选择一张椅子　60

朋友年轻时，曾在蒙大拿州的一家财务公司当基层会计，薪水非常低。他决定要参加高级会计师的考试，那样薪水会高一些。但是考高级会计师并不容易，为了即使考不上也有退路，他选择了一边工作一边复习。因为公司规定请假超过两个月的人，就会按照自动辞职来对待。

他的父亲非常反对他的做法，劝他在复习与工作之间做一个明智的选择。父亲支持他考高级会计师，但又不愿意他一边工作一边复习。便对他说："孩子，做每件事你都不要先告诉自己可以做到两全其美，你必须要做选择和取舍，只有这样你才能全力以赴去完成你想做的事情，否则你只会失去更多。"他能听懂父亲的意思，但是不愿意按父亲说的去做。因为薪水虽然很低，但他所在的这家公司其实非常不错，就算是考不上高级会计师，工作时间久了，公司也一样会给他加薪水。

他相信自己是可以做到两全其美的，所以没有听取父亲的建议。但是很快，公司就发现他不像以前那么尽职尽责了，因为他总在上班时间打呵欠，有好几次甚至还趴在桌子上睡着了。结果老板就把他解雇了。这时离考试只有不到两周的时间了，他只能压制着沮丧情绪继续复习并参加考试，但最终还是失败了。

人的能力是有限的，如果想同时坐在两张椅子上，最后很可能会掉到两张椅子中间的地上，所以必须要学会取舍与选择，认真选定其中一张椅子，才能安安稳稳地坐好。

想做这件事，也想做那件事，最终可能哪件事也做不好；这个想要，那个也想要，最终结果可能哪个也得不到。同学们学习的时候，面对一堆作业、多门功课，是不是会感到难以取舍，于是最终选择这门功课看一下，那门功课看一下？这可是学习的大忌啊！真这样，可能哪门功课都学不好。与其这样，不如老老实实、安安心心地一门门学。

## 你想要敌人还是朋友 61

李佐贤是清代颇有影响力的古钱币学家和收藏家，尤以古钱为专好。考中进士后，李佐贤供职于京都，闲暇时常到街市、厂肆浏览古籍、文物。有一次，在北京琉璃厂的一家古玩店，李佐贤见到一枚奇异的古钱，急欲购买这枚古钱，不过店家说这已经有人预定了。李佐贤向店家打听了预定古钱者的情况，决定亲自拜访他。

预定古钱的是一个收藏古玩的小伙子。通过交谈，李佐贤得知，小伙子只是凭直觉看上了这枚古钱，对古钱的来历一无所知。李佐贤坦诚地向小伙子说明来意，表示愿意出高价请他转让这枚古钱，没想到遭到小伙子的拒绝。此后，李佐贤又数次拜访小伙子，与他交流收藏经验，还送给了他几幅珍贵的书画。后来，小伙子被李佐贤渊博的收藏知识所折服，也被他的诚心所打动，答应将古钱出让。

李佐贤的好友张铨得知这件事后，连连摇头："你太傻了，何必如此大费周折呢？你只需要给卖家高于预定者的银子，比如出到两倍的价钱，卖家肯定会把古钱卖给你。也省得如此费力，既浪费时间，花的银子还更多。"李佐贤反问道："你想要一个敌人还是朋友？"张铨不明其意，李佐贤笑着说："我当然知道可以通过这种伎俩获得古钱，但这样我便把小伙子推向了敌对的位置。而现在，小伙子成了我的朋友。你觉得哪种做法更划算呢？"后来，小伙子与李佐贤成为收藏界的盟友，经常切磋学问，相互投赠。

## 62　珍惜读书的时光

读书，四季皆宜，春夏秋冬均可一卷在手，游走字里行间，与书中人物共欢笑，同洒泪，咀嚼生活的酸甜苦辣，品味人生的悲欢离合。如此这般，过滤出清澈的心灵，行走人生路，明理悟道，其乐融融。

然而，民间流传着一首打油诗："春天不是读书天，夏日炎炎正好眠，秋有蚊虫冬有雪，收拾书包待来年。"此诗虽是怨冷怨热的一派胡诌，却也从另一个角度告诉人们，大自然的春天，不管你读不读书，它还会如期而至，年年有春天，岁岁有节令，四季更替，循环往复。反观我们人生的四季就没有这么幸运了。人生是一次有去无回的旅行，青春年华瞬间即逝，一去不返。

生命无价，青春很美，读书的青春更美！

读书青春美，美在它给人之初洁白的画卷绘上斑斓的色彩。它如朝阳希望之光，激励着青少年在追梦旅途无须畏惧艰难困苦。它像德高望重的师长，指点着青少年在迷茫时要看到"长风破浪会有时，直挂云帆济沧海"的成功彼岸。

读书青春美，美在它潜移默化地改变一个人的气质与品行，让人由内到外地焕发出蓬勃的朝气和正气。它还让人遇事心态平和、远离庸俗、浅薄及狭隘，让人智慧善良，懂得感恩，传递爱心。

读书青春美，美在它循序渐进地把人引入知识的海洋，让人养成一个良好的读书习惯。你会在读书中不断认识世界，认识他人，认识自己。久而久之，你会发现，书中作者博大精深的智慧，已通过你的消化吸收变成自己的精神力量。此时的你，淡定处世，宠辱不惊，坚强面对生活中的不幸，勇敢接纳自己的不完美，活出真实的自己，享受快乐的人生，这就是普通人的幸福和成功，夫复何求？

那年，我上高中的第一天，看到一位离校学长留在教室黑板上的寄语：学弟学妹，请你们珍惜在这里度过的读书时光，读书是美好的，人生的梦想就是从读书开始插上翅膀飞向未来的。珍惜每一天，就是珍惜你今后的飞翔高度，就是珍惜你明天的灿烂辉煌！

学长的话深深地感动了我，让我热泪盈眶，心绪久久不能平伏，更珍惜读书的青春年华。多年后，听说写留言的学长任职某银行行长，工作出色，常得到上级部门嘉奖。我在心里为他默默祝福的同时，也坚信他的优秀一定是坚持读书的回报。

千军万马过高考独木桥，佼佼者毕竟是少数。如果你高考失败，不要伤心，不要气馁，因为你还有宝贵的青春，只要你学习的意志和信心不垮，通过别的途径也能继续追逐读书梦。你可以在工作之余参加全国高等教育自学考试，可以参加各种函授学习，可以在实践中边学边干，多与正能量的人交朋友，他的学习精神和创新精神会给你带来积极向上的影响。在学习别人长处的同时，你也会获取开悟自己、提升自己的成长喜悦。

当今，飞速发展的互联网时代，出现了不少新潮快捷的娱乐生活平台，诸如快手、抖音、网络营销等等，读书无用，读书贬值再次风起。有人说，拍抖音视频就可以赚钱，当个搞笑明星也收入不少，何苦要费神读书呢？读书在某些人眼里已变了味，或者说可有可无。

请问，不读书，你有拍出好视频的文化底蕴吗？你有营销策划的智慧吗？岂不知，无论过去、现在，还是未来，读书、思考、探索永远是推进世界发展的创新利器。读：接收信息，拓展视野。

思：消化吸收，推陈出新。探：付诸行动，收获成果。这一创新利器，不仅适用于世界高速发展，也适用于个人的功成名就。

如果你正处在青春期，热情奔放，活力四射，什么都想尝试，那么，你可以适当地放纵一下。但不能放在网络游戏，不能放在吃喝玩乐，不能放在肆无忌惮。因为没有约束的放纵会毁了你的人生，所以干什么都要有个尺度。

青春时代，唯有进入书的世界，与书结缘，尊其为师，敬其为友，才能提升自己洞察世界的能力，抵抗形形色色的诱惑，避免误入歧途。

有一个年轻人，原本有一份安稳且收入较好的工作，前些年，看到别人做生意赚大钱了，抵不住金钱的诱惑，辞去公职，投入商海。因为他平时很少读商业营销方面的书籍，没有经商的技巧，既不懂调查市场消费需求的热点，又不懂预测自营商品的未来走向，更没有随行就市变换创新的灵动，因此，生意亏得一塌糊涂。几年下来，欠债400多万，弄得父母卖房为他抵债也没能还清。

这个年轻人失败的主观因素是：

一、他没有读懂"人贵有自知之明"的忠告，没弄清自己的特长是什么，适合干什么；自己的短板是什么，不宜干什么。他没有慎重权衡利弊就脑瓜子发热去效仿别人，还放弃原来赖以生活的工作。这一跤摔得好痛！

二、他不懂"审时度势"，不会适可而止。一个商人，当生意开始出现亏损时，就要警惕了。要用理智去分析周边环境的变化和自己亏损的原因，及时止损，而不是抱着侥幸的心理盲目地硬撑，这样只会让亏损的雪球越滚越大，得不偿失。

当然，失败并不等于绝境，因为"塞翁失马焉知非福"。遭受挫折者今后只要走进书的世界，给失落的灵魂安个家，抚慰受伤的心灵，借助高人的智慧，认真审视自己失败的教训，痛定思痛，重新理智确立新目标，重新脚踏实地的运作，就有东山再起的希望。

读书，让人明智明理，让人灵魂净化，让人心态宁静，让人思想升华，让人能够坚强地面对红尘中的风风雨雨，勇敢地承担生命的夏暑冬寒。

人在青春年少期读书或不读书，会影响其一生的运势。所以，正值花样年华的新新人类，请珍惜你的读书青春，不要留下"少壮不努力，老大徒伤悲"的遗憾。

# 63　逃离舒适区

兴趣，是我们学习、工作最好的老师，能够时刻为我们钻研某个领域，保持钻研精神提供源源不断的动力。人生一辈子能够找到自己的兴趣所在，并在该领域保持钻研不断精进，实为人生一大幸事。

现代社会的发展，行业相互协作程度越来越高，行业领域分工越来越细致，即使是当今世界第一强国美国也不可能为国民提供所有的消费品。因此，在当今社会，作为个体来说，也不可能精通多个领域。随着生活水平的不断提高，教育越来越被家长们所重视，每到假期各种各样的学生培训班门庭若市，很多家长为了不让孩子输在起跑线上，为孩子报了多个培训班，除了学校所列学科外，还包括美术、跆拳道、礼仪等等。但从现在的孩子后来看，大多数的培训不过是在做无用功，很多所谓的兴趣不过是图新鲜的三分钟热度而已。人还是一种有惰性的动物，如果不是外部条件的逼迫，我们大多数人是不愿意主动改变的。纵观人类的很多发明创造，应该和这个习性有关吧。因为不想走路，发明了各式各样的车；不想洗衣，发明了洗衣机等等。而身处科技发达的今天，随着物联网技术的发展，人工智能正在越来越多的领域得到应用。我们拥有了可复制的"田螺姑娘"——人工智能机器人，我们还可以通过手机APP远程操控智能家电等等。当然，无论是大到社会、行业，小到个人，当发展进入一个瓶颈的时候，我们都会面临共同的一个问题，我们如何做得更好。

这里，按照美国人 Noel Tichy 提出的理论，我们会接触到三个区域：舒适区、学习区和恐慌区。形象地说，就是用三个直径不等的同心圆圈来打比方，最里面一圈是"舒适区"，对于个人来说是没有学习难度的知识或者习以为常的事务，自己可以处于舒适心理状态。中间一圈是"学习区"，对自己来说有一定挑战，因而感到不适，但是不至于太难受。最外面一圈是"恐慌区"，超出自己能力范围太多的事务或知识，心理感觉会严重不适，可能导致崩溃甚至放弃学习。作为理想的个体来说，最理想的状态是始终处于不断扩大的"学习区"，学习具有适当挑战性的东西。三个区域范围并不是一成不变的，而是随着个人学习、工作的状态不断变化的。一段时间后"学习区"会慢慢变为"舒适区"，"舒适区"越变越大，而一部分的"恐慌区"也会相应变成"学习区"。温水煮青蛙的故事，大家都听说过，当把青蛙扔向煮沸的开水时，它会在面临绝境时使出浑身力量跳出来，但当把一只青蛙放入温水中而后不断升温，待青蛙察觉到这种危险的时候，由于已经适应了舒适的环境，它就已经没有力量从水中跳出来而丢掉了性命。多年前的一个段子，说的是年轻人找工作的理想：钱多事少离家近，位高权重责任轻。反映的是我们都想找一份轻松，不那么辛苦而且收入又挺高的工作。有很多人为了找到一份清闲的工作而挤破了头，这也造成了某些年轻人在一个相对安逸的环境过早地磨掉了应有的朝气，过着仿佛是迟暮之年的老人生活。在这个创新改革的年代，结果很可能和温水中的那只青蛙差不多。

　　既然三个区域的范围并不是一成不变的，那么，要活出精彩、有趣的人生，我们未来的路就只有一条：逃离舒适区。每个人能力有大小，但我们都应该有活出精彩、有趣人生的期盼。与时俱进、力所能及相信对我们每个追求美好人生的人都是适用的。今天，由于科技的发展，我们能够以更加低廉的成本接触到更多的新鲜事物。与时俱进，就要求我们对新鲜事物不要盲目抵制甚至视而不见，而是保持一种包容的心态来学习、了解，敢于尝试，积极发挥对社会有利的一面。正如前面所说，每个人能力有大小，你的"舒适区"也许正是别人的"恐慌区"。力所能及，要求我们不以绝对的标准来刻意要求别人，但要保持一种积极、乐观向上的心态，各尽所能将更大范围的"舒适区"变成自己的"学习区"，将更多的"恐慌区"变成自己的"学习区"。

## 我的幸福我自己做主 64

　　大一的时候，观看一场辩论大赛，下一个上台演讲是小孙，为了应对这次演讲，小孙可以说是做足了功课，又查资料又看视频，又背台词又练语速，总之这几天的努力将会在接下来的几分钟里面得到回报，一场精彩绝伦的演讲马上开始。

　　然而，就在小孙抬腿准备上台的那一瞬间，同班同学阿雯一边摆手一边小声地对小孙说着什么，小孙转过头来，竖起耳朵才听清，阿雯说："孙哥，你的裤子拉链没拉好。"小孙下意识地低头一看，果不其然，拉链正好拉到三分之二的位置，没有拉到头，小孙赶紧转身背对观众，将拉链拉好，再次抬腿走上舞台，然而细心的观众会发现，小孙的步子变重了，额头上也渗出来一颗颗豆粒大的汗珠。

　　那场演讲堪称是灾难性的，小孙不停地擦汗，本来口若悬河的小孙变成一个结结巴巴的小孙，讲到一半，小孙竟然忘记了下面的内容，不得不鞠躬下台了。

　　是什么让如此优秀的小孙变得如此失败，答案仅仅是那个未拉好的拉链，一个小小的拉链让小孙变得如此不堪一击。

　　北方有一种植物叫做洋姜，其形状如同生姜，但表皮光滑，没有毛，一般没有人去种植，只能在田间野地寻找，所以没有化肥农药的侵扰，采日月之精华，其味纯净自然，拿到家里面用特殊香料腌制数月，腌制好后，取出拌以芝麻香油等调料，乃人世间一大美食。所以那一天我吃得津津有味，对大鱼大肉没有半点向往，更何况，爸妈为了取得这些食材，跑了好远的路，又精心调配了很久很久，所以这种感觉，不是谁都能懂的。

朋友曾经做过一段时间销售工作，穿梭于楼宇之间，卖力地推销着公司的产品。有一天望着公司对面一栋高档写字楼，他对同行的同事说要去某跨国公司总部谈生意，同事很鄙夷：就我们穿的这鸟样，还见人家老总，脑子坏了吧，根本不可能的。几句打击的话会让人激情顿时消亡，然而这根本打击不到他。虽然历经坎坷，最终他还是见到了老总，至于生意有没有谈成，这是个秘密。坐在那家公司会客室的时候，秘书递给他一杯热咖啡，扑鼻的香气传来，让他感觉到了一种幸福。

曾经有朋友跟我说，他说嫂子够懒的，你看你家里多乱啊！我家里是有点乱，但是别人永远无法看到一个淘气的孩子大半夜起来折腾大人的时候，她跟我说："你去小房间睡吧，你要上班，让孩子折腾我一个人就行了。"我拿着枕头去了小房间，半夜醒来，总能听见妈妈哄孩子的声音，也许她一夜没睡，只为了能让孩子有一个温暖的怀抱，只为了让我能有一个舒适的睡眠，第二天能安心地去工作。这样的状况下又怎么可能有时间收拾家务呢。

她待朋友的态度是真诚和大度，所以才会有那么多人信任她。如果有人问我，什么叫幸福，我会自豪地告诉他，就是遇到她。

前几天看了一篇文章，大概内容就是，不要轻易打扰别人的幸福，就是说那些多嘴多舌的人，喜欢在别人高兴的时候，说几句丧气的话，或者是在别人分享荣耀的时刻，专门过来打击一下。

我想，真正的幸福别人打扰不了，你说你的，我做我的。别人的眼光，我何必去在意呢？以前也听过一对老夫妻，骑着牛进城的故事，一片闲言碎语中，两个人骑着牛也不是，拉着牛也不是，一个人骑着牛也不是，最终两人抬着牛走路。这不是废话嘛——牛本来就是被骑的，不会因为别人说完，它就变成别的什么东西。

## 阅读给予我心灵的充实　65

  它，从不张口说话，只在一旁默默地帮助我们，它教我们做人的道理，传授我们新知识。而我认为它是最有价值的东西，丰富了我的业余生活，我也很感激它，它就是我的好朋友——书。

  书能陶冶人的情操，也是人类进步的阶梯。从书中可以令你得到无边的快乐。从阅读中我得到了快乐。我懂得了"一个人并不是生来就要被打败的，你可以把他消灭掉，可就是打不败他。"

  但失败会很多，可我相信冬天来了，春天还会远吗？说到这，我与书之间还有一段小故事：小学时天真的我以为读书并没有什么太大的用处，但是在初一的一堂语文课上，语文老师告诉我们，读书可以使我们增长知识，不出家门便可知天下事，使我们变得有修养，找到好工作……听老师这么一说，我也有点禁不起诱惑了，就去书店随便挑了本书。读完了第一章，就喜欢上了它，它的内容丰富多彩，非常吸引人，读了一半，更期待后面的内容。就是这样，我读完了这本书，而且反复地读了好多遍。这正所谓，百看不厌哪！

  从这本书中，我读到了好多东西呢。有一次我的胳膊骨折了，非常疼，每天的心情也是特别糟糕的，什么事都做不成，唯一陪伴我的也只有那本书了，我时不时地翻开看看，看到文章主人公的坎坷命运，悲惨的生活遭遇，但"他"并没有放弃生存，反而积极向上很乐观，不断地努力着，通过自己拉车赚钱养活一大家子，在奋斗的途中受到各种人士的排挤，他依然没有放弃对未来美好生活的渴望。我读完又联想到我跟"他"比，我算是幸福的了，我的这些痛苦又算得了什么呢？

我明白了，伤总有痊愈的时候吧，这只不过是一时的痛苦罢了，当你好了之后，全都是美好的生活了。哦，说了半天尽和你们绕弯子了，还没告诉你们那本书的书名呢，那就是《骆驼祥子》。拿起书，细细品味，慢慢欣赏吧。虽然现在的学习压力特别大，但请你务必相信你是幸福的，有些贫困山区那些孩子连基本的教育都享受不到呢，和他们比你们是不是幸福的呢？所以，你们现在不需要纠结，随着年龄的增长，你们就会明白的，还是有时间多多学习吧。这就是阅读给予我的快乐！

## 生活的磨难都是对你的考验　66

我们从小都向往神话传说里的故事，对于那种无忧无虑、心有所想就能成功的生活充满了无尽的憧憬。殊不知，在现实的生活中却并不是这样的，生活它的确不复杂，但也没你想得那么简单。

纵观世间百态，有人过得非常精彩，有人潇潇洒洒，有人光鲜亮丽，有人困顿无奈，有人狼狈不堪。但终其而言，不管是潇潇洒洒，光鲜亮丽的，还是困顿无奈，狼狈不堪的，他们都在生活中为生存而努力着，接受着生活带来的种种不幸。

海，勇，林是最铁的哥们儿，他们无话不谈，不是亲兄弟甚是亲兄弟，从小一起长大，在朋友眼里他们是铁三角，在老师眼里他们好得就差穿一条裤子了，这可贵的情义，也许跟他们的成长经历和性格有极大的关系。

海因爸妈离婚，从小跟叔叔一起生活，可以说他是叔叔带大的。他爸从不管他，嗜酒如命，在邻居眼里就是个酒疯子。他跟着叔叔过得也并不很好，叔叔很严厉，他从小就干起农活，跟同年纪孩子比他明显要成熟得多，初中毕业后由于家里这样的状况，他没能再继续读书。那一次因家里矛盾独自一人跑了出去，他爷爷多次问起林有没有他消息，刚开始那几个月林也在找他，也许是因家里的事他也不知道怎么面对，故意躲着大家。

那次林周末去姑姑家，在县里的 KTV 门口遇到了拿了几盒泡面的他，两人说话都哽咽了。他暂时就在那 KTV 上班，但经过那次偶遇后就再也没看到他，直到后来他爸因酒精中毒住院，他姑姑们通过网络平台找到了他。他回来了，一无所有的他这两年独自在深圳扎了根，回来等到他爸病好了后就又回深圳了。从这次后他再没躲着谁了，跟家里人也有了联系，跟林、勇也留了联系方式。

这样的安稳并没有持续多久，他爸酒精中毒很严重，不能再沾酒了，但已嗜酒如命，戒不了。他在深圳后来又回来过两次，都是因为他爸住院，独自打拼的钱都花光了，但他也都觉得没啥，直到后来他叔叔因意外车祸去世，他真的是被打击了。最不幸的是没多久他爸因中毒失去知觉被烟头引燃床铺离开了 那次回来他想看他爸最后一眼，林都没让他看。带着悲痛的心情办完所有事后，他走后林在他相册里看到他的户口簿上只有一个人，户主就是他，虽然底下是调侃的文字，但那一刻林鼻子酸了。

海从独自出去到现在，一个人在深圳待了近六年，这些年里所发生的事早已使他看透了人世冷暖，他是无比强大的，逢年过节他也不回家，跟林、勇也是聚少离多，在林问他啥时候回家时，他常说回家能干吗，在深圳有了家的感觉，这么多年了也就没想着离开了。

比海来说，林和勇比他幸运几分。勇也是从小家庭变故，父亲早早离开了他们，母亲一人把他们三姐弟拉扯大，那时他二姐就是因家里的状况，考上学校也没念。他从小也是跟着亲戚长大的，或许是从小家里变故的原因，他虽然成绩很好，但自初中毕业后就没上学，独自一人跑到遵义学数控机床，刚去时连工资都没有，只有三百块的生活费，就这样啥也不懂地学着。脑子灵光的他对这技术学得很快，掌握得非常熟练，被老板看好，就这样他在这行一干就是五六年，如今也有了可观的工资。

现在的他在贵阳上班，自己也买了车，每个月的工资完全能养活自己。那年林去他那儿玩的时候，到过勇上班的地方，技术活虽然不是太累,但工作时间长呀,早上六点就得开车出去,晚上十一点多才回来,中午在上班的地方吃饭,没有午休时间,一天下来,到凌晨近一点了才能睡觉。可想他虽然有了可观的收入,但这也并不轻松,现在回家了,大家都觉得他混得不错,其实那其中的苦只有他自己才能体会。

林现在还上大学,从小有个幸福的家,跟俩哥们儿比起来,他是最幸运的。可以说在初中以前都是这样,但到了高中就面临不幸了,他跟姐姐都在上学,可能是家里经济压力太大,众多人情世故的原因,母亲患上抑郁症长期住院,间接性地常年在医院。但因父亲的期望,他们都没辍学,就这样直到他们姐弟都考上大学,在暑假中母亲病情恶化,林却不能告诉已经开学的姐姐,直到自己也将开学时他绝望了,不知道自己该怎么办了,父亲一度劝自己走,在很多邻居的劝导下他独自一人第一次坐火车离家,到学校办好一切后,几乎每天都往家往医院打电话,在得知母亲病情好了许多后,才安心地度过半学年。

寒假姐姐早放假,回家后才知道家里的事,待林回家时他母亲已经出院了。寒假里一家人都在,对于他母亲的病情有所帮助,他们能谈谈心,说说话。但还是不稳定,寒假中来回跑医院,也许因他母亲没念过书,对于好多道理转不过弯来,加上得的是抑郁症。他母亲想过自杀,医生建议得有人陪着,不然会出大事。因为长期地跑医院,一家人都长时间没休息,在那天晚上,林看着他母亲时大意了,他母亲上了二楼选择了跳楼,就这样永远地离开了他们。这事在林心里留下了极大的阴影,从那以后他天天失眠。那个假期海和勇劝他说,这事也不能说是他的错,所有亲人也这样想。从小独立惯了的林,在母亲离开后跟他爸谈过,他爸说没有什么坎是过不去的,也许是因独立的性格,他从没提起过母亲的事,也没一蹶不振。

他说他有时都厌恶自己的太过理性，回家了他装作没事儿，在学校也很淡然地面对一切。有时林跟海、勇闲谈时，对于各自的经历，都是相互勉励，从不消极面对。现在这三个难兄难弟联系比以前多了，海依然在深圳，去年说着要回家来盖房子，勇在贵阳也筹划着再努力几年后回遵义买房，林现在上大二了，也在为自己的人生努力着。

有像他们一样生活经历的人很多，不幸的童年，多难的遭遇，不完整的家庭。但这些都是我们无法避免的。生活带来的磨难不是我们不想它来它就不来的，最重要的是你该怎样面对它们，用怎样的心态去面对。消极颓废毫无意义，只有逆风飞翔，坚强从容，才能改变现状更好地生活。

生活给你的磨难，都是对你的考验。把那些不幸与苦难都放到心底，让它成为激励你前进的动力，心向阳光，奋激勃发！

## 坚持读书，把握机遇

罗曼·罗兰说："人们通常觉得准备阶段是浪费时间，只有当真正的机会来临，而自己没有能力把握的时候，才觉悟自己没有准备才是浪费时间。"这段话，道出了把握机遇必不可少的首要条件：能量积累。而能量积累的过程就是不断读书，不断践行的过程。

每个时代都有每个时代的机遇，每个人都有每个人的命运，就看你会不会以自己的优势和意志去发现机遇，抓住机遇，让吉祥星光照耀自己的人生运程，收获人生的精彩。

A、B、C三位同学出生在50年代，她们接受教育的最佳年华荒废了。她们虽然来自不同的家庭，但都有一个共同的爱好——读书。因为热爱学习，尊重师长，她们被某些人戴上了"五分加绵羊"的帽子。其实，这个定论是片面的。她们对知识无止境的追求和善于思索的精神，哪是一个分数就可以定格的呢？她们对师长的尊重，是传承中华民族美德，怎能与懦弱的绵羊相提并论呢？

事实上，经过半个世纪时光的验证，这些坚持阅读、知书达礼的孩子在成长过程中各显才华，各按自己的"三观"和思维方式处世，获取了较好的生存资源，如收入稳定的工作、安闲舒适的生活、得失淡然的心态。

A同学成长初期是幸运的，因为她学习认真，成绩不错，得到师长和同学们的认可。师长的关爱、鼓励和信任，培养了她活泼、阳光、自信，还有一点点任性的个性。在那个大多数人初中、高中毕业就上山下乡的岁月里，她高中毕业直接进了一家国有企业当工人。

为了获取推荐上大学的机会，她努力工作，积极要求上进，坚持学习。可是天意注定了她与推荐无缘，直到恢复高考，她才圆了深造大学知识的梦。坚持读书，让她储备了敲开未来转运大门的硬件：政治面貌、干龄、学历。

后来，她进入了市政府有关部门从事经济管理工作。在现实生活中，面对复杂的人际关系，她不会阿谀逢迎，不会八面玲珑。平时工作，她完成了领导交给自己的任务，就去干些自己喜欢干的事，如读书，思考，写写心情。她一直坚守人之初的善良，与人为善，尊重他人，从不参与评论张三李四的绯闻。即便如此，她还是逃脱不了被人指责自由散漫、不合群、太自我、甚至攻其一点，不及其余。

渐历世事，她慢慢学会了自我保护。她认识到，自我保护，首先要做到自省自律、干好本职工作、按规则办事。其次，不要与他人较劲，不要与他人攀比，不要为晋级加薪争吵。必须明白，属于你的，谁也夺不走，不属于你的，争也没有用，不如安然处之。最后，要学会感恩。感谢自己生命中遇到的每个人，即便是伤害过你的人，你也应该原谅他，因为他教会了你成长。

单位有一位同事善意地开玩笑说："你这么喜欢书（输），所以你总是输，当不了官，发不了财。"她笑了笑，未置可否，但心里很清楚：我当不了官，发不了财，是因为我天生就没有当官发财的基因，所以就没有那个兴趣和运气。从"得失辩证法"去看，有得必有失，有失必有得。我输了官，输了财，但我赢得了真实，赢得了自在，我活得不累，活得轻松快乐。天性使然，A同学干到退休，也只是个科级干部。

B同学因为家庭出身问题，高中毕业被分配到边远的山区农村插队。从来没干过农活的她每天奔走在田野菜地耕耘，抗旱，抗涝，抗灾。一段时间下来，精疲力尽的她对自己日后的出路产生了质疑，她常常徘徊在空旷的田野上寻找人生目标。她在不眠之夜问苍天：今后我就在这乡村度过一辈子吗？我还能出去读书吗？我好迷茫！

曾经热爱学习的她，很快找到了理性的答案：因为某些缘由，你能保送上大学的概率几乎为零，现在你要做的就是坚持看书学习，安顿好迷茫的灵魂。于是她在书的世界里找到了医治迷茫的良药——用微笑去迎接磨难，用坚强去面对逆境，无怨无悔地接纳当下命运的安排，继续读书，汲取知识的力量，等待下一个路口的机遇光临。

心态好了，看到的世界就好了，机遇也随之而来了。恢复高考后，B同学以自己的实力把握住了机遇，考上省外一所重点大学，毕业后分配到省药检研究院工作。她以精湛的业务水平和善解人意的亲和力，得到了幸运之神的青睐，一路升级到正处。

B同学的命运转折告诉我们，机遇是留给有准备的人的。

C同学是独生女，高中毕业得政策优惠留城进一家小厂工作。因为家庭状况，她不能放弃工作去读书，只能读业余函授大学。班上有一位来自区质监局的同学在与她交往中，发现了她的勤学与才干，便向单位领导推荐她到局里工作试用。她待人接物的干练得到领导赏识，很快就办理了调任手续，后来也提到了正处级别。

机遇，就是这么无声无息地出现，假如C同学没有继续求学，就不会碰上这个转运的机遇。

A同学的性格有点我行我素，用现在的话来说叫低情商。她从来不羡慕别人的荣华富贵，不参与升职加薪的争夺，不恶语伤人，不搬弄是非。她只注重于自己本心是否快乐，是否能在遇事时从痛苦中逃离出来。她心理平衡的支点是乐天知命。

B 同学的性格谨小慎微，她遇事能换位思考，拿得起，放得下，用她自己的话来说就是：没心没肺，活着不累。

C 同学情商高，待人接物笑脸相迎，办事老成持重，左右逢源。

三位同学的意外转运看似偶然，实则必然，因为她们一直没有放弃把握机遇的法宝——读书。

人们都知道性格决定命运，可为什么就没想到读书可以改变性格呢？

读书的价值，不一定要体现在出人头地的名利场上，它可以体现在人们确立人生目标、努力奋斗的精神上；它可以体现在人们日常工作的责任心和进取心上；它还可以体现在人们日常生活知足常乐的平衡心态上；它更可以体现在个人修身养性、开阔视野、包容别人不足、接纳自己不完美的宽阔胸襟上。

由此可见，读书改变性格，性格决定命运，命运主导人生。你若想过好一生，就从读书开始吧。

## 奋斗吧，为了更好的自己  68

人活着是为了什么？相信很多人都有过这样的问题。有的人回答是为了名和利，有的人回答是为了亲人和朋友，有的人回答是为了享受。回答有千百种，都有自己的道理。我说，人活着是为了奋斗，是为了自己所向往的事情而活着，而这些都需要奋斗才能实现。

知道人生需要奋斗的道理的人不少，真正能做到的却少之又少，而成功只会垂青那些奋斗过的人。有的人甘愿一生碌碌无为，放弃了奋斗的机会，所以他们的一生真的碌碌无为；有的人奋斗过，但半途而废，因为种种因素放弃了奋斗，没有坚持下去。但他们起码比那些纯粹没有奋斗过的人过得好；有的人一直坚持奋斗，最后他们取得了成功。不同的态度，决定了不同的人生。

比起尼克胡哲来，我们拥有健全的身体。可试想一下，我们当中有几人可以做到尼克胡哲所做的事。他是一个残疾人，遭受过别人的讥笑，受过别人的侮辱。曾经他丧失过活下去的信念，认为死了就一了百了了。但他想到还有关心自己的人，想到自己还有想完成的事，他选择了奋斗，去做到别人做到过的事和别人没有做到过的事。他以乐观的精神、积极的态度去生活，还去演讲，给人以鼓励、信心和爱，去改变那些对生活迷茫、甚至厌恶的人，使他们重新燃起信念。正如他所说，帮助别人是世界上最伟大的事情。他通过奋斗和努力，做到了许多事情，还帮助了许多人，令人敬佩。这也令我们思考，尼克胡哲的命运如此悲惨，但他并没有屈服于命运的安排，而是努力奋斗，最终，成功地扼住了命运的咽喉。我们比起他来，幸运了不知多少，却没有几个人能做到他所做到的事。所以，要想扼住命运的咽喉，唯有坚持不懈地奋斗。

也许，尼克胡哲的事并不能带给我们太大的震撼，毕竟我们没有亲身经历过他所经历的事。但我们大部分是来自农村的学生，对于贫穷应该并不陌生。那么，安永全的经历带给我们的感触想必更加深刻。现在的我们，大部分都没有他苦，至少我们都衣食无忧，上得起学。而安永全却吃不饱、穿不暖，小小年纪就承担了大人的责任，辛勤工作来养家，同时还努力学习准备考大学。那时候，上学是一件困难的事，为了参加高考，安永全都给工作人员跪下了。从古至今，人们都说"男儿膝下有黄金"，那一跪是他对上大学的渴望。而我们现在享受着舒适的生活，还不努力学习，一天到晚浑浑噩噩，把时间都浪费了。安永全学习已经到了可以忘我的地步，头悬梁，锥刺股，能用的办法他都用了。皇天不负有心人，他终于考上了梦寐以求的大学。在接到录取通知书的那一天，安永全高兴得快疯了，喊着母亲，那一声一声的"妈"，包含了太多。同样面临高考的我们，摆在我们面前的只有一个选择，那就是努力奋斗，绝不回头！

我们都有成功的机会，只是在于能否把握机会。机会是靠奋斗得来的，只有努力奋斗，才能把握机会，才能实现梦想，完成心愿。奋斗吧！

## 中国学子为什么那么需要鸡汤 69

《哈佛凌晨四点半》的故事，相信大家都有所耳闻，该文描述的是，凌晨4点多的哈佛大学图书馆里，灯火通明，座无虚席，莘莘学子已经坐满图书馆，静静看书、认真做笔记、积极思考问题。

然而这个传奇故事却被耶鲁大学本科毕业、今年8月底入读哈佛大学商学院90后的李柘远，通过亲身经历和调查证明，网上热传的"哈佛凌晨4点半图书馆的景象"，只是一个不存在的想象而已。

《哈佛凌晨四点半》显然已经不是鸡汤了，如果说是，也只是抹了点鸡油的假鸡汤。可是这样的鸡汤为何迷倒了几乎所有的国人，尤其是中国的学子。一个重要的原因是，以哈佛教育的世界性杰出成就套上中国式思维的论证。

当"哈佛凌晨四点半"的谎言被戳穿，我们的努力还有意义吗？

关于《哈佛凌晨四点半》这个励志鸡汤故事，我也曾经被它迷倒，甚至没有丝毫怀疑。我相信广大中国学子也曾经和我一样，被这个鸡汤故事迷得精神振奋，仿佛拥有了不灭的斗志，甚至还找到了大量与此类鸡汤相似的文章来进行阅读，使自己充满力量。那么不禁要问，为什么中国学子特别需要鸡汤？

如今，传奇的鸡汤故事被人们亲自调查证明只是一个假象，根本不存在的，这让我们这些曾经受鸡汤鼓舞的学子不禁感到唏嘘。的确，中国学子在为了自己的人生目标奋斗时，总会碰上一些阻碍，或多或少地会感觉到气馁。但在这时，一篇"鸡汤"的出现总会鼓舞人的内心，使其有更强的动力去实现这个目标，而这正是鸡汤的作用。中国学子为何特别需要鸡汤？很明显，鸡汤是他们失败时更好的动力。

《哈佛凌晨四点半》这篇鸡汤，在某个方面给予了那些先天不足的学子来超越他人的鼓励与支持。这篇鸡汤告诉我们天才并不是先天有多大优势，而是通过后天的巨大努力才能去获得成功的。每个人的一生，在奋斗的过程中总会被一些无法改变的原因所阻碍，当他无法超越时鸡汤的作用就展现出来了。鸡汤告诉他失败的原因并不仅仅因为先天，而后天的努力程度也很重要，这样指引着学子去努力奋斗。很明显，一个好的鸡汤可以使他们忘记出身，更容易激发他们的斗志，不至于迷失在内心的卑微中。

《哈佛凌晨四点半》的成功，我认为与家长也有很大关系。中国的家长心里普遍认为孩子的学习与努力程度有关，认为孩子只要足够努力，便可以达到某种高度，而鸡汤更是顺应了这个思想，所以受到了中国学子与父母的关注与肯定。但在鸡汤背后，我们也应该了解到一个孩子成功与否，不单单是努力程度说了算，兴趣也是关键。如果在一条路上失败多次，不妨尝试转到另一条路。中国学子在奋斗过程中需要力量去支撑他们前行，而鸡汤正是给予中国学子奋斗力的源泉。

每个人在生活中都会经历挫折，每个人在遇到阻碍时或多或少都会想选择放弃，正是鸡汤在这时给予了我们内心的力量。我不认为鸡汤有何不好，就算是假的，那鼓舞人心的力量依然照亮着我们，而中国学子正需要这股力量。

# 如何从自卑走向自信　70

在生活中我们可能因为自身条件而自卑，也可能因为不如别人而感到自卑。与别人在一起时，他们就像是一束刺眼的光，把自己照得光鲜亮丽，却因此显得我们黯淡无光。相信生活中还是有很多人陷入自卑的情绪里无法走出来。这里通过和大家分享一些事例帮助大家走出自卑。

## （一）将自己的才艺展现出来

朋友小雨从小就是个很内向不敢表现自己的女孩子，这种状态一直持续到去龙泉寺工作。有一次所有不上班人员在大会议室K歌。同组的人都知道小雨爱跳舞，于是就怂恿她上去跳一段，可是内向的她不敢当着那么多人的面展示自己，便找各种理由拒绝。这时一位同事趁不注意把她会跳的舞蹈名报了上去，其他几位同事也一直在对她进行劝说。经不住同事的怂恿，最后她终于鼓起勇气站在台前为大家跳舞。本以为没人会看她，会遭遇冷场，但没想到所有同事们都为她鼓掌。这一次的展现给了她莫大的自信。也就是从那时起，她身上那种想表现的欲望彻底被激发出来。当有了第一次的成功后，她竟然在第二天晚上主动跑上前去跳舞。后来她继续将舞蹈展现在联欢晚会上。小雨再也不把自己的"舞蹈"藏在自己的世界里，她要把它光明正大地拿出来见见人。现实生活中肯定有些女生内向得甚至连自己的才艺都不好意思跟身边的人说。当真的有机会到来时，别人不知道你会所以没人推荐你，而你也不敢毛遂自荐，这个有可能会改变你性格的好事就这么白白地浪费了。刚开始的第一次很难，但只要你敢于迈出第一步，往后会有越来越多的精彩。

(二) 做自己从没做过的事

小刘曾经是个不太愿意为自己找事做的女生。到收费站工作时，心里也只是想着把工作做好就可以了。后来因为某些特殊原因才不得不动笔写新闻稿。可那时心里并没有底，"写文章"一直是她的弱点，上学时期的语文卷子就是最好的证明，况且她已经好几年没写过文章了。对于一个从没在站里写过新闻稿基础又很差的人来说，想把它写好很难，但小刘还是想努力试试看。第一篇没选上，这似乎在她的意料之中，本以为第二篇、第三篇也不会选上，没想到这两篇都被选上了。在惊讶之余小刘也逐渐对自己自信起来，因为这种自信，她愿意继续在写作上努力。后来，有八篇新闻稿被管理处选上，这是她从来没想到过的，这种经历让她明白，去做从没做过的事，对自卑的人来说，是获得自信的最佳途径。假如小刘当初不写新闻稿，她应该会一直活在自认为"不会写文章"的认知中。

(三) 学会独立，靠自己

在工作上小刚是个宁愿叫班长也不敢自己瞎操作的人，因为总觉得自己做不好会造成无可挽回的错误。时间长了越发觉得自己是个废人，似乎总在给别人添麻烦，这种感觉让他决定试着自己去解决工作上的问题。当栏杆不落了，他回想起班长曾是如何如何操作的，他就这么一点点地来，即使感觉到心里存在紧张害怕，最后终于如愿以偿地解决了问题。因为这次成功，小刚觉得工作中哪怕再难的问题都可以靠自己独立解决。事实上真的是这样，他慢慢学会如何处理长车、超时车、卡票、机器故障等问题。每处理好一种问题，他就增加一份自信。其实当初并不是不会做，而是自卑的心理让他不敢做。原来自卑的人还有一个共同点，就是喜欢把自己还没亲自处理过的事情让别人帮他们处理。因为他们觉得自身做不到，无法胜任这件事情。其实你本来就是一个能处理生活中所有疑难问题的人，只不过是当初的自卑心理在作祟。当一个个问题被你轻而易举地解决掉时，你才发现那些你以为难到天的事，其实只是小菜一碟。你也能做到像身边那些能力强的人一样优秀。

（四）先从形象上改变自己

小王在微博上看到过一句话：想要自信，请先从形象上改变自己。于是她便信了这句话，也的确用实际行动去做了。虽然工作时间很紧张，但她还是愿意浪费十分钟的睡眠去换取一点的化妆时间。她把家里的眉笔、眼睫毛、唇膏、粉底全都翻了出来。学着手机视频里的化妆教程，一步步做，就这样她从一个素颜朝天的人变成了爱美狂人。每次上班她前都会照着镜子把脸好好打扮一番，镜子前那个化妆的自己是她最喜欢的样子。人啊，三分长相，七分打扮。当你觉得自己越来越好看时，你也就变得越来越自信。

（五）每天大声念自己的优点

"每天大声念自己的优点"这种方法我不只在书中看到过，也在初中课上听到过。《哈佛心理学》这本书在讲到培养自信的方法时有句话让我记忆犹新，就是：每天在本上记下自己的十个优点并大声朗读，把它当做一种习惯坚持下去。不要说你写不出来，再普通的人也有自身的闪光点，只要肯细心观察。上初一时忘记什么原因语文老师让班里每个人在纸上写出自己的三条优点。当时我写的是：一我很强壮，二我个子高，三我眼睛大。当时在那个快班总是倒数深感自卑的我却因为写下这几个字莫名其妙地开心起来。原来，我也有自己的闪光点啊。

## （六）内心坚信自己足够好

Lady Gaga 曾在演唱会上说过这样一段话：今晚你们要丢弃所有的忐忑与不安，认为你们不合适的人或事，或让你觉得自己不够优秀不够美丽，跳得不够好或是写的歌不够好，身材不够好，唱得不够好，或是说你永远得不到格莱美奖，不可能在麦迪逊广场花园开个唱的人，你只需要记住，你就是超级巨星，你与生俱来。话音刚落，台下响起热烈的掌声。这段视频被疯狂转载，我想这也是为什么有那么多人爱她的原因。她的成就，源于她的自信，她一直坚信自己足够好，从她的这些话中就能够看出来。而事实上，也因为她坚信自己足够好，最后真的非常好。看过这样一句话：不要总是觉得自己长得很丑，智商太低；如果你这样感觉，那么这所有的就会成为事实，跟你如影随形。相反，你应该对未来充满希望和自信，那么，你就会惊奇地发现它真的如你期待的那样了。所以，自卑的你，不管有再多自卑的理由，也要内心坚信自己足够好，很好，非常好。慢慢地你会发现，这种坚信，会潜移默化地影响着你的生活，你的未来，你的成功。

自信不是一下子就能获得的,但之前的每一份努力肯定都有用。

心理学上有一个名词叫杜根定律。杜根是美国橄榄球联合会前主席，他曾经提出过这样一个说法：强者未必是胜利者，而胜利迟早都属于有信心的人。美国哈佛大学进行了一次调查，一个人胜任一件事，有 85% 取决于他的态度，15% 取决于他的智力。如果他自信，事情肯定会办好。所以一个人的成败取决于他是否自信。

## 谁的青春不曾迷茫　71

人生中的每一阶段都存在着迷茫，而青春则是相对更迷茫的时代，这一时代最真实反映青年的远大抱负与梦想。在为实现抱负与梦想不断奋斗的曲折青春岁月中，我们渐渐长大，渐渐从懵懂变得成熟，变得不再那么迷茫。近日，有幸观看了由光线传媒出品，青年导演姚婷婷执导，白敬亭、郭姝彤、李宏毅、王鹤润、丁冠森等人主演的改编自刘同所著的同名青春畅销小说《谁的青春不迷茫》这部电影，它讲述了主人公林天娇辉煌的人生历程以及在高中时代的种种青春记忆，这些都是属于我们的青春。

影片虽然还是传统的描绘学霸级主人公与学渣之间的爱恨情仇，但是更加接地气地表现了那个时代高中生活的学习压力，对于理想的细微解释，对于人生的点滴思考，对于青春的情窦初开以及对于生活的美好向往。之前也看过一些青春电影，如《80后》《致青春》《匆匆那年》《左耳》《同桌的你》等系列青春励志电影，似乎影片都能勾起我们学生时代的美好回忆。可是对于这部电影，我想说的是，片中的男女主角在出演这部戏的时候不是我们熟知的大明星，而是一些初出茅庐的青年，这更加能够真实地反映那个学生时代的青春面貌以及对于那个时代最真实的写照，这也使得影片从一开始就朝气蓬勃，显得格外地有活力，也更加符合青春的气息。

谁都有过青春，谁都有过青春的回忆。正值高考结束后来看这部电影，对于许多刚经历高考的人来说更像是在看自己的高中历史，真是自己的回忆。谁说不是呢？《致青春》的片头就是大学新生报到的场景，我们当年不也是这样的吗？

高中，人生的新起点，也是人生的转折点。这个时代的青春，青涩又懵懂。对于人生理想的追求应该是最具有代表性的，在家长看来，非考个重点大学甚至北大清华不可。可是如今看来，这并不能代表以后就一定有前途，因为这个社会是很现实的。高中的青春是迷茫的但也是最单纯的，迷茫是因为我们看不清前方的路到底通向何方，也不知道道路是否荆棘，对于人生也是迷茫的，因为我们那个时候一心只为高考，当然也有像电影中男主角的不屑一顾，而是追求自己的自由和理想。高中也是最充实的三年，虽然迷茫过，但是至少青春不悔，曾经多少次跌倒在路上，曾经多少次破灭了梦想，可是青春却是怒放的生命，青春是最具活力的，尽管理想在现实面前那么微不足道，尽管梦想在现实面前轻易破灭，但是在经历迷茫之后，我们换来了坚强和经验教训，重拾信心，对人生充满挑战和激情。

如今我们身居职场，同样存在迷茫，对职业生涯规划的迷茫，对家庭建设的迷茫，对人生追求的迷茫，种种迷茫都需要我们一步一个脚印地去解开。相信经历过迷茫之后的我们，人生将不再迷茫。

前方道路漫漫，青春迷茫唏嘘，吾将上下求索，人生激情澎湃！

## 追求幸福，是人的本能　72

只有变得强大，你才会成为自己的阳光，自己的盔甲，自己的勇气，自己取之不尽用之不竭的能量。这些，你的一生都会需要。这些，你都可以自己给予自己。

一个特别有意思的现象是，一个人，无论处在什么样的境地，都有一颗向往自由、幸运、被眷顾的心。并且，这颗心，并不会随着对生活的失望、对外围事物的消极而黯淡、冰冷。

这时候你就不得不相信一句话：追求幸福是人的本能。

每个人都有渴望被爱被关怀的本能。哪怕一个在你看来刀枪不入、有厚重盔甲防身的勇士，也从来不允许别人剥夺他渴望被爱被上天眷恋的权利。

我们总是在祈求，求岁月对我们温柔一点，求天气对我们仁慈一点，求恋人对我们体贴一点，求领导对我们宽容一点。

我们并不是懒，并不是整天做着被王子吻醒的公主般的美梦，我们只是想让自己心里舒服一点。

想让自己心里舒服一点，这并没有错。哪怕我们知道，不想提前衰老就要按时睡觉，阴天的时候别忘了带伞，爱情需要用心地经营，领导的宽容并不会降临在无能者身上。

是的，我们都知道，所以，我们也一直在为此努力。

努力做得很好，更好。努力把眼泪憋回眼眶。努力用亮眼的成绩来表示我可以。你知道这些明里暗里、台前幕后的努力，最终会回馈到你的身上。

谁也不是理想主义者，谁也没有那些不着边际的逻辑。我们祈祷，我们诉求，只是想给这些果敢冰冷的现实披上一层浪漫温暖的外衣。

只有变得强大，你才会成为自己的阳光，自己的盔甲，自己的勇气，自己取之不尽用之不竭的能量。这些，你的一生都会需要。这些，你都可以自己给予自己。

只要你，永远把追求幸福，作为自己与生俱来的能力，紧紧攥在手里。

## 只要出发，就能到达

要出发，你就不怕被嘲讽，就不怕被打压。只要出发，一直觉得那么远的彩虹，会近得让你微微抬头就能看到那一片渐变的美。

你想走多长的路？到多远的地方？你想把有限的人生过成什么样？你想对未来的自己说些什么？你想不想知道自己若干年后是不是依然红着眼眶，热血喷涌？

人生的前十几年，你可以过得随意些，该玩儿的时候玩儿，该闹的时候闹。人生的后面几十年，你就要过得规律些，该吃的时候吃，该拼的时候拼。

人生就是一次强者与弱者的博弈。你弱，你向命运妥协；你强，磨难向你低头。所以有的时候，那些看似遥远可望不可即的事情，只需要你一个坚定的决心，就会变成极为简单的算数题，但是这道题，并不是让你算出精确无误的答案，而是让你计算出现实与实现的距离。

这距离，说不准很近。近得像是唾手可得般轻松。这距离，也可以很远，远得让你哭着喊着追寻。

但是所有的前提，是你一定要学会出发。只要出发，就能到达。只要出发，就能带着信念、梦想、所有稀奇古怪的想法上路，让这些东西与前方路途所有的未知碰撞出与众不同的火花。

只要出发，就能坚定地走下去、跑下去、跳下去，哪怕匍匐。像是不留退路，大声地告诉这个世界与心底怯懦的自己，只要出发，就能到达。

只要出发，你就能把所有未完成的完成，所有想法提上日程。只要出发，你就不怕被嘲讽，就不怕被打压。只要出发，一直觉得那么远的彩虹就会近得让你微微抬头，就能看到那一片渐变的美。

你要相信，只要出发，就能达到。你要知道，迈出第一步，然后才能走接下来的第二步第三步。你要明白，这个世界，无论如何变化，都不会辜负主动出发的人。因为率先出发的，总是能够第一个到达。

## 期望太高你就输了 74

有期望是一件好事，意味着有希望和目标。但若是期望太高你就输了，当你无法达到你的期望值时，你就会对自己失望，因为你发现原来你并没有想象中那么厉害，旁人也会对你失望，原来你的能力不过如此。

朋友从小就在亲戚家孩子的阴影下长大，因为父母总喜欢把他和亲戚家的孩子放在一起比较。而每次比较的结果都是他输得一塌糊涂。在父母的心里，他是最棒的，既然是最棒的，就应该比其他孩子更胜一筹。亲戚家孩子就读名校，父母也希望他能考上名校。尽管他也想要完成父母对他的期望，但总是让父母失望，也让他对自己失望。

当他进入职场之后，才渐渐放下这种自卑感。在陌生的职场环境中，他总是安静地倾听，谦虚地请教，适当地表达意见，努力地完成自己的工作，存在感很低。而同期进入单位的新人几乎每一个人初来乍到就努力地彰显自己的能力，得到上司和同事的赞赏。但试用期结束后，只有他成为了正式员工。因为那些积极表现自己的新人认为自己比其他同事的能力高，单位一定会留下他们，便看不起其他同事，工作也不尽责，而他们的能力除了一开始展现出来的，没有进一步地提高。而他，在慢慢适应环境之后逐步展现自己的能力，每隔一段时间就会有一点进步，让单位看到了他的潜力。

职场生活让他找到了自信，让他明白他并没有自己想象中那么无能，只是他和身边的人都对他的期望太高了。或许他并非真的无法达到这些期望，只是他没有办法一蹴而就，需要循序渐进，才能厚积薄发。

虽然期望越大失望越大，但是又不能为了不失望而拒绝期望，毕竟没有期望，谈何努力呢？因此，最好的方法就是为自己设定一个比较合理的期望值。这个期望值不是高不可攀的，也并非唾手可得的，而是需要加一把劲，需要一些时间去争取才能达到的目标。人是有惰性的，如果目标太难或是太容易达到，就会失去继续进步的动力，很容易停滞不前。为了保证充足的积极性，期望值的设定是一个关键的因素，往往能影响未来的人生走向和最后到达的位置。

期望有时候会成为一种压力，如果不能把这种压力转化为动力，那么人很容易被这种压力打败。尤其在期望过高的情况下，人很难有足够的信心付诸行动。因此，期望太高你就输了，你不是输给了比你优秀的人，而是输给了自己，输给了心魔。这个世界上不是所有事情都能如你所愿，总会有你做不到的事情。既然这件事情做不到，那就降低要求或者转换方向，从另一方面着手，一步一步地前进。若能满足于已经拥有的，尽力争取想要拥有的，失败了也不沮丧，那么你已经赢了，至少你战胜了自己。

## 有竞争才有发展 75

在鹿特丹世乒赛上，中国队又包揽了全部冠军，在自豪骄傲的同时，一些极具忧患意识的人也表示对中国长期垄断某项体育比赛可能会不利于发展的担忧，我认为这应该引起人们的重视。垄断必能会造成不公平，打击选手的积极性，缺乏竞争力，从而在一定程度上不利于发展，竞争力越强，发展的动力越大。

曾经女排、乒乓球、跳水都是中国的"垄断项目"，可为了这些项目的长期进步与发展，我们不保留"核心技术"，积极与其他国家的选手与教练交流与合作。不垄断，促竞争，使中国及世界的体育事业繁荣发展。在中国教练郎平的指导下，俄罗斯女排成绩骄人；在外籍教练米卢的辅导下，中国男足第一次成功出线！公平的竞争促进了体育事业的发展。

在文化发展的道路上，竞争亦促进发展，春秋战国时期是中国历史上第一个也是最为瑰丽丰富的文化繁荣期。孔子提倡"克己复礼"，孟子主张"为政以德"，老子崇尚"清静无为"；庄子曾经梦蝶化仙，墨子力行"兼爱非攻，节葬节用"，韩非子开创"法、术、势"令人叹为感观止……是竞争促成了百家争鸣的文化繁荣局面，这是"罢黜百家，独尊儒术"后的文化"大一统"事情无法达到的高峰。

在经济发展的道路上，道与理亦然。在 20 世纪 80 年代我国国有企业逐渐丧失活力而成为国家财政负担，造成了不利于经济发展的局面，政府开始了大刀阔斧的企业改革，创新地打破了单一公有制，实行以公有制为主体，多种所有制经济共同发展的经济政策；以宏观调控为主，加大企业自主权；将深化国有企业公司股份制改革作为目标与重点，在竞争中，国有企业积极改革与创新，再次焕发了生机与活力。是竞争促进了经济的发展。

宗教改革打破教会垄断教育，培养了无数启蒙运动的先驱；打破官窑垄断，民窑技艺更胜一筹；百家讲坛引起电视国家说教热后，后起之秀《文化中国》、《开坛》等使国学热得以持续与发展……

竞争是发展的强大动力。在竞争的压力下，我们前进、突围、避险、拼搏……竞争不是成功的坟墓，而是成功的摇篮，有竞争，才有发展！

## 你的青春在怎样度过 76

时代在进步，现代生活却逐渐残酷现实，很多头顶着巨大无形压力的人都会觉得人生变得漫长无比，每天都度日如年地熬，真希望自己熬着熬着就可以变成一味珍汤，至少能够熬出头，而不是一味地虚度光阴。很多人迫于压力的折磨，所以便想出了很多以前从未想到过的鬼点子，以及耗损身体精力的坏主意，沉迷于各种能够麻痹自身神经的行为，不知道多年后回想起自己的现在会不会觉得遗憾呢。也许当每个人到了老年以后，都会有一些遗憾。如果选择规规矩矩地过完一生，就会遗憾自己年轻的时候没有疯狂一回。如果放纵自己去做世上最疯狂最任性的事，就会遗憾自己当初没有保留纯真的一面。人的一生总在拿捏着各种选择，害怕一个不经意间就会让自己踏入歧途，可如果是自己决定步入歧途的，又何来的不经意。一种可惜事物的心情，好过对事物变化的惋惜。

想像歌词里面唱的那样，原谅我这一生不羁放纵爱自由，可多数人并不喜欢享受疯狂。也许只是在脑海中想象过自己疯狂后的样子，至于会不会被众人得知，就无从而知了。心里有着这份执着，但对于行为疯狂这事，并不是每个人都能将它阐述得淋漓尽致。有些事想想就可以了，自己在脑海里想一遍，就不要太过任性妄为了。

疯狂刺激的事情我没有兴趣去做，我更加愿意站在旁观者的角度去欣赏别人的疯狂。对于我来说视觉上的感受远比身体心灵上的还要刺激。胆小的人，有心没胆，所以只能借由另外一种方式去体验刺激的生活方式。

　　世界那么大我也想去看看，可是光有一个热诚的心是不够的，没有行动力说什么都是屁话。怕未知的东西，也不是不渴望拥有自己想要的东西，只是有时候渴望被恐惧所打败，所以很多事情都不敢去追求。也许只是习惯了这份平淡的感觉，渴望拥有却又不敢去追求的心理也逐渐在增强，不知道以后会不会因此而丧失对一件事的渴求。

　　人的一生要做很多的事情，可能一些并非自己所愿，但好过自己一生无所事事，做一些有意义的事好过一生碌碌无为。以前在想那些著名的人他们的付出，他们的做法，再看看自己的生活。他们能够被我们记住也不是一天的时间就可以成功的，活在这世上，一直想让别人记住自己的存在。那些曾经的故事，哪怕并不是那么出彩，也想在这个世上留下自己的足迹，证明自己曾经真的存在过。

　　一个人的成功不是说当时名气有多大，被多少人追捧，而是当他离开后，在这个世界上还能有一份显著的影响力。名噪一时的成功不过是上天对你的一个警醒，要你记住成功不仅限于你当时拥有多好的环境，也不是你的虚荣心得到了多大的满足。有些人做一件事情坚持到死可能也没能成功，但只要在这个过程中自己能够自给自足，能够坚持当初那份热诚的心，那他就是成功的。为什么要把追求带进棺材，成为埋葬自己的遗憾。

　　别再害怕受人指指点点，自己认为是对的事就去做吧，在自己有限的时光里，给自己的人生增添光彩，到老了才能画上圆满的句号。当青春不再，人的行动力就会减弱，所以，珍惜每一天，愿你活在当下的快乐时光。

　　那些有天赋的人在微亮的晨光中走向了你只能遥望的远方。可是，生命因为永不停歇才感到充实，无论怎样，绝不停止前进的步伐。也许你此时的懈怠将带来一生的低微。在最美的年华里，不要做一个只会玩手机的胖子。韶华倾负，回不去的青春是很多人一生的遗憾。不读书，不吃苦你要青春干吗？打破那层桎梏，放下你所谓的坚持。调整好那自我拧巴的心态。忘记你所说的将来的美好。现在不努力，未来的你将委曲求全，成为别人踩着前进的阶梯，沦为他人的陪衬。

电影、电视没有你的观看，收视率还是噌噌地上涨；服装店没有你的光顾，生意还是那么好。忘掉那些，你是一个有信仰的人，不停地奔走，远方便不再遥远，脚踏实地地为你这辈子唯一的一次认真执着而奋斗。你不努力，所有的坚持都化为虚无，将来的美好，也都化为泡影。

青春像阳光下五彩闪耀的泡沫，充盈着美好和幸福。可一时的、肤浅的幸福感是建立在懒惰、放纵的基础上，那便没有任何意义，透支自己的年华。多读书、多吃苦，露出那发自内心的笑容才是真正的快乐，沉迷于一时的玩乐，错失了一辈子的良机。没有伞的孩子，只能努力奔跑。你有多优秀就有多优秀的人在等你。吃点苦，流点汗，这样的青春才多姿多彩。成功之花，人们往往惊羡于它现时的明艳，然而当初它的芽儿却浸透了奋斗的泪泉，洒满了牺牲的血雨。年轻的我们不要给自己找任何借口。

为了自己所爱的人幸福，为了将来的自己不为生活委曲求全，不拘于眼前的苟且，相信还有诗和远方。微笑着，面对接踵而来的挫折，不要停歇，也不要回首，莫听穿林打叶声，何妨吟啸且徐行。

## 77　苦难造就美好的未来

孟子曾经说过，天将降大任于斯人也，必先苦其心志，劳其筋骨，饿其体肤，空乏其身，行拂乱其所为，然后动心忍性，曾益其所不能。人，顶天立地，处于世间经历磨难。而只有磨难才能使人更强大、更顽强、更加坚不可摧。

乔布斯，苹果公司的创始人。在内部竞争中，因为某些原因被自己的公司开除。但是他不放弃，坚持研发创新，在苹果公司走向低谷的时候，他重新回到公司带领苹果打了一场反击战，成就了一个伟大的"千亿帝国"。

俗话说，多难兴邦。事实也证明，老祖宗的话并没有错。2016年中国的湖北、广西、江西等地洪水泛滥，人民的生命财产损失严重。但党员和人民军队坚守在最前线，他们团结一致，众志成城。终于熬过了雨季，取得了抗涝的成功。这场景又让我回想起零八年汶川地震，那时全国人民的心紧紧地连在一起，一方有难八方支援。正是这些磨难造就了今天的泱泱大国，也使今天的中国变得更加有魅力。

罗曼·罗兰曾说："累累的创伤与痛苦，是生命给予我们最好的礼物，每一次都标志着我们前进了一步。"常建当年一袭白衣，出现在公主的宴席上，惊艳四座，官至右丞，踌躇满志。但叛军入都，他被困于佛寺，在这段人生中最暗淡的时光，他却摆脱了名利的束缚，在苦难中涅槃，踏上人生新的征程。正如他诗中所写"万籁此都寂，但余钟磬音"。正是心灵的超越促成了他命运的转折。

顾悦有言："蒲柳之姿，望秋而落；松柏之质，经霜弥茂。"当乌台诗案褪去了苏轼的繁华，他在人生最绝望的时刻，选择了登山临水，怀古凭吊，留下了不朽的诗文。他在坎坷中选择奔跑，在人生的低谷勇敢地转变了生命的航向，终于看到了"晓夕有变，江南堵峰在几席，此幸未如有也"的盛景。

没有风吹雨打，人就是一潭死水，静止而无前进的动力。李时珍不经历千辛万苦，跋山涉水，怎能写出医学巨著；爱迪生不尝试千万种金属材料，怎能发现最适合做灯丝的钨；红军不经历二万五千里的长征，不经历艰苦岁月的磨炼，怎能创造以后的奇迹……

在人生的旅途中行走，磨难是不可绕行的驿站，是必须翻过去的险峰，是必须渡过的河流。昔人有言："艰难困苦，玉汝于成。"我们要勇敢地翻山越岭，在苦难与磨炼中坚强成长。

王宝强在成名之前只能依靠腿脚功夫在剧组演武生行当，而后来在他自己的不懈努力之下成为了受到百姓喜爱的男演员；黄勃也曾经当过搬运工，但他并不屈服于现实，努力朝梦想前进，最终成为了影帝。

鲜花初开，人们艳羡它花开时的芬芳与美丽，却忽视了它为盛开所付出的努力。每个人的人生路上都会经历各种各样的挫折与磨难，克服它，你就会看到彼岸无尽的美好风光。尽管未来路途遥远，衣裳单薄，路上荆棘遍布，但永葆一颗勇往直前的心，便可披荆斩棘，一路畅行。

## 78　只做最容易成功的事

你们有人会相信这样一句话吗？有一个故事告诉我们说：我的成功就是用最短的时间，做更多最容易的事情！

这有可能吗？时间还要最短，还要做出更多最容易的事。如果你们不信，那么我请你们仔细读读下面这个故事。

在纽约第五大道有一家复印机制造公司，他们需要招聘一名优秀的推销员。老板从数十位应聘者中初选出3位进行考核，其中包括来自费城的年轻姑娘安妮。

老板给了他们一天的时间，让他们在这一天里尽情地展现自己的能力！可是，什么事情才最能体现自己的能力呢？走出公司后，几位推销员商量开了。其中有一位说："把产品卖给不需要的人！这最能体现我们的能力了，我决定去找一位农夫，向他推销复印机！"

另外一位应聘者也兴奋地说："这个主意太棒了！那我就去找一位渔民，把我的复印机卖给他！"

出发前，他们叫安妮一起去，安妮考虑了一下说："我觉得那些事情太难了，我还是选择容易点的事情做吧！"接着，她往另一个方向走去！

第二天一大早，老板再次在办公室里召见了这三位应聘者，就问他们说：你们都做了什么最能体现能力的事？

一位应聘者说："我花了一天时间，终于把复印机卖给了一位农夫！要知道，农夫根本不需要复印机，但我却让他买了一台！"

老板点点头，没说什么。

另外一位应聘者同样也得意扬扬地说："我用了两个小时跑到郊外的哈得孙河边，又花了一个小时找到一位渔民，接着我又足足花了四个小时，费尽口舌，终于在太阳即将落山时说服他买下了一台复印机！事实上，他根本就用不着复印机，但是他还是买下了！"

这位老板仍旧是点点头，接着他扭头问安妮，对她说："那么你呢？小姑娘，你把产品卖给了什么人？是一位系着围裙的家庭主妇呢，还是一位正在遛狗的夫人呀？"

安妮从包里掏出几份文件来递给老板说："不！我把产品卖给了三位电器经营商！我在半天里拜访了三家经营商，并且签回了三张订单，总共是600台复印机！"

老板喜出望外地拿起订单看了看，然后他宣布录用安妮。这时，另外两名应聘者提出了抗议，他们觉得卖给电器经营商丝毫没什么可奇怪的，他们本来就需要这些产品。

老板接着严肃地对他们两个说："我想你们对于能力的概念有些误解！能力不是指用更多的时间，去完成一件最不可思议的事，而是用最短的时间，完成更多最容易的事！"

你们认为花一天的时间把一台复印机卖给农夫或渔民，和用半天的时间把600台复印机卖给三位经营商比起来，谁更有能力，又是谁对公司的贡献更大？让农夫和渔民买下复印机，我甚至怀疑你们是胡乱吹嘘了许多复印机的功能！我必须要提醒你们，这是一个推销员最大的禁忌！"

说完这番话之后，老板告诉他们在录用人选上，他不会改变自己的主意！在日后的工作中，安妮一直秉承一条原则：把所有的精力都用来做最容易成功的事情！不去做那些听上去很玄乎，但对公司却没什么帮助的事情。2011年，安妮不仅被美国

《财富》杂志评为"20世纪全球最伟大的百位推销员之一（也是其中唯一的一位女性）"，而且还被推选为这家复印机制造公司的首席执行官，一任就是10年！她就是全球最大的复印机制造商——美国施乐公司的前总裁安妮·穆尔卡西。安妮在回忆录《我这样成功》中写道：我的成功就是用最短的时间，做更多最容易的事情！

环顾一下现如今我们身边的整个营销界，铺天盖地都是那类"把冰箱卖到北极"、"把梳子卖给和尚"的营销故事，简直成了营销界的神话，也正因此，"假、大、空"甚至是恶意侵害消费者利益的推销员就层出不穷、屡见不鲜。安妮·穆尔卡希的"能力观"，值得思考和借鉴！

做任何工作的时候，你必须考虑自己应该站在什么立场上，为了成功，费尽心机，自我吹嘘，自我炒作？这是便捷之路吗？要知道无论你做任何事情，你必须懂得诚信、可靠、严肃、认真办事，也许还要有点灵活和机智吧。

## 成功者与失败者的根本差异　79

当今社会成功最重要的因素是什么？是背景、环境、关系、机遇等外在因素，还是天赋、能力、个人努力、坚持不懈等内在因素？相信看过马克思唯物辩证法有关内外因的观点的人不少，但真正认可内因是事物发展的决定条件，成功关键在于自身的人并不是很多。不少人都习惯于以下逻辑：当取得成功时便想当然地认为内因最为重要，将成功归于自身天赋、能力、努力等内在因素；而在遭遇失败时则往往认为外因更为重要，将失败的原因归于他人或环境等外在因素。但在评价他人的成功或失败时，态度正好完全相反。当别人取得成功时便认为外因最为重要，将他人成功归于机遇、运气等外在因素；而在他人遭遇失败时则往往认为内因更为重要，将失败的原因归于自身能力欠缺、天资愚笨等内在因素。

尽管以上逻辑并非无任何可取之处，它可以保护我们的自尊心，使我们能自如应对困难，渡过难关。可是其负面影响也不容忽视，它不仅让人不能正确看待自己、客观评价别人，更容易形成骄傲自满、经常为失败寻找借口等不良情况。蒙牛牛根生曾说："多为成功找方法，少为失败找借口。"畅销书《没有任何借口》更是开宗明义地指出："没有任何借口。"

因此，我们有充分的理由相信内在因素才是决定一个人成败的最关键因素。那么，天赋、智力、知识、技巧、能力、毅力等内在因素中到底哪种因素对成功最为重要呢？或许每个人心目中的成功者都不一样，有人认为成功者就是历史上或现实中的英雄人物,有人认为成功者是某些著名的企业家、发明家、劳模、球星、影星,有人认为成功者是身边的上司或同事朋友,也有人认为成功者就是自己。尽管判定成功的关键性要素千差万别,但仔细观察与分析一下便会发现成功者们拥有惊人的相似之处,几乎每一个人都有不达目的誓不罢休的坚强毅力。成功的人与失败的人只有一个区别:是否能够做到顽强和坚韧。因为世界上没有任何一件事,在没有做之前就能确定百分之百的成功。顽强与坚韧,是行动的基础,是一个人走向成功的非常重要的心理素质,一个人只有满怀必胜的信念,对自己所从事的事业坚定不移,并且有坚忍不拔的意志力,他才可能迈出坚定的步伐,产生克服困难的力量与智慧,想出解决问题的方法和对策,赢得他人的信赖与支持,最终达到目标。尽管人生不如意十之八九,但成功者面对困难时很少低头,很少放弃,只要认准目标他们将会竭尽全力,坚持不懈直至成功。在成功者的字典里没有失败,更没有放弃,只有永不言弃。

美国前总统柯立芝在其晚年的人生回忆录中写道:"世界上没有一样东西可以取代顽强和坚韧。才能不可以——怀才不遇者比比皆是,一事无成的天才也到处可见;教育也不可以——世界上充斥着学而无用,学非所用的人;只有顽强和坚韧,才能无往而不胜。"

伟大的音乐家贝多芬曾经说:"卓越的人有一大优点:在不利和艰难的遭遇面前百折不挠。"

著名诗人但丁也曾经说:"我推崇勇气、坚韧和信心,因为它们一直帮助我,对付我在人世生活中所遭遇的困难。"

二战的三巨头之一,英国前首相丘吉尔先生用其一生的成功经验告诉人们:成功根本就没有秘诀,如果要说有的话,那么就只有两个,第一个就是坚持到底永不放弃;第二个是当你很想放弃的时候,你回过头来看看第一个秘诀,照第一个秘诀去做,坚持到底,永不放弃!当时丘吉尔被一家著名的大学邀请去做一次学生毕业典礼上的演讲嘉宾,没想到这次演讲成为他生命当中最后一次演讲。也许是丘吉尔太过年迈,演讲的全过程持续了十几分钟,但是全程他只讲了两句话,而且都是相同的。当丘吉尔在助手的搀扶下缓缓地走上讲台,肃穆地扫视了一阵子台下黑压压的人群之后,用苍老的声音说:"坚持到底,永不放弃!"台下的学子们静静地等待这位世纪伟人精彩的下文,足足几分钟过后,丘吉尔又用他那苍老的声音讲了一句话:"坚持到底,永不放弃!"此时的会场,空气就像凝固了一样,但是丘吉尔已经开始缓缓地走下讲台,走上汽车,当汽车消失在人们的视野之后,台下开始响起雷鸣般的掌声。这场演讲成为演讲史上的经典之作。并非丘吉尔不会演讲,台下的学子们早已被这位世纪伟人的生命之音所深深震撼。

　　风靡一时的美国著名电影《阿甘正传》中的阿甘尽管是一个智商只有75的低能人,但却凭借其坚定信念和不懈努力最终获得了成功。

　　古往今来无数事例说明坚持可以创造成功,更可以创造奇迹。

　　荀子曰:"九层之台,功亏一篑;驽马十驾,功在不舍。"

　　大哲学家苏格拉底用每天把手向前摆动300下,然后再向后摆动300下的简单事情告诉我们坚持对成功的重要性。

　　古人用"绳锯木断,水滴石穿"的事例说明了坚持精神的可贵之处。

　　曾国藩以中人之资,成就非凡之功。知其难为而为之,禀坚忍之性,修身齐家,终于成为一代名臣。其亲身经历说明,天资并不重要,最重要的是坚持到底。

　　美丽看似远在天边难以追寻,其实近在眼前,只是我们未曾发现，正如法国著名雕塑家罗丹所说："生活中从来就不缺少美，缺少的只是发现美的眼睛。"幸福看似飘忽不定、难以拥有，其实就在我们身边，我们目前拥有健康、亲情与友情不也是一种莫大的幸福？只不过我们未曾珍惜，一旦失去才后悔莫及。成功看似神秘莫测、遥不可及，其实就在脚下，只是我们未曾意识到成功的关键，未曾发掘自身巨大潜能。拿破仑·希尔曾说："人人都可以成功。" 美国旅店大王希尔顿曾说："一个人可以没有资产与后台，但只要有信心和微笑就有成功的希望。"张瑞敏更是一针见血地指出平凡者与不平凡者的根本区别在于是否坚持，他说："所谓不简单，就是把最简单的事情千百次不厌其烦地去做；所谓不容易，就是把很容易完成的事情每一次都能认真做好。"

我们有充分的理由相信：只要我们认准目标，坚定信念，怀着"咬定青山不放松，立根原在破岩中。千磨万击还坚劲，任尔东西南北风"的执着精神，坚持不懈地努力，就一定可以成功。

## 80 我是最棒的，我一定会如我所愿

有人曾经做过这样一个实验：他往一个玻璃杯里放进一只跳蚤，发现跳蚤立即轻易地跳了出来。再重复几遍，结果还是一样。根据测试，跳蚤跳的高度一般可达它身体的400倍左右。

接下来实验者再次把这只跳蚤放进杯子里，不过这次是立即同时在杯上加一个玻璃盖，"嘣"的一声，跳蚤重重地撞在玻璃盖上。跳蚤十分困惑，但是它不会停下来，因为跳蚤的生活方式就是"跳"。一次次被撞，跳蚤开始变得聪明起来了，它开始根据盖子的高度来调整自己跳的高度。再一阵子以后呢，发现这只跳蚤再也没有撞击到这个盖子，而是在盖子下面自由地跳动。

一天后，实验者开始把这个盖子轻轻拿掉了，它还是在原来的这个高度继续地跳。三天以后，他发现这只跳蚤还在那里跳。

一周以后发现，这只可怜的跳蚤还在这个玻璃杯里不停地跳着，其实它已经无法跳出这个玻璃杯了。

生活中，是否有人也在过着这样的"跳蚤人生"？年轻时意气风发，屡屡去尝试成功，但是往往事与愿违，屡屡失败。几次失败以后，他们便开始不是抱怨这个世界的不公平，就是怀疑自己的能力，他们不是千方百计去追求成功，而是一再地降低成功的标准，即使原有的一切限制已取消。就像刚才的"玻璃盖"虽然被取掉，但他们早已经被撞怕了，或者已习惯了，不再跳上新的高度了。人们往往因为害怕去追求成功，而甘愿忍受失败者的生活。

难道跳蚤真的不能跳出这个杯子吗？绝对不是。只是它的心

里面已经默认了这个杯子的高度是自己无法逾越的。

让这只跳蚤再次跳出这个玻璃杯的方法十分简单，只需拿一根小棒子突然重重地敲一下杯子；或者拿一盏酒精灯在杯底加热，当跳蚤热得受不了的时候，它就会"嘣"的一下跳了出来。

人有些时候也是这样。很多人不敢去追求成功，不是追求不到成功，而是因为他们的心里面也默认了一个"高度"，这个高度常常暗示自己的潜意识：成功是不可能的，这是没有办法做到的。

"心理高度"是人无法取得成就的根本原因之一。

要不要跳？能不能跳过这个高度？能有多大的成功？这一切问题的答案，并不需要等到事实结果的出现，而只要看看一开始每个人对这些问题是如何思考的，就已经知道答案了。

心理学家研究发现：不良的性格组合是造成神经官能症的重要原因，例如：敏感、多疑、固执、自卑、内向、急躁、完美主义、以自我为中心、过分关注别人对自己的评价等。

所以，患者在调整自己的性格时，应该注意从以下几个方面入手：

第一，学会将注意力指向外界，不要对自己的内心感受太过敏感。例如，患有社交恐惧症的人，对自己与陌生人交往时出现的紧张、心跳、脸红、出汗等症状特别敏感，一到社交场合就拼命控制自己，生怕别人看到自己的窘态，结果把自己原本要谈的内容忘得一干二净。其实，患者如果把注意力转移到自己今天要谈什么话题、对方的反应、周围的环境等问题上，情况就要好得多。

第二，培养业余爱好，多参加户外活动，不要一天到晚老想着自己的症状。许多神经症患者以前业余爱好很多，患病后整日愁眉不展，根本无心参加任何活动，这样更会造成恶性循环。患者应该强迫自己参加一些文体活动，参加之患者可能觉得没兴趣，但活动之后的感觉会大不一样。运动能使大脑产生抗抑郁的物质。

第三，增强自信心，不以别人的评价为行动标准。有些人特别在意别人怎么看待自己，结果行动畏首畏尾，把自己搞得很紧张，总好像为别人活着似的。例如害怕别人发现自己紧张脸红，其实，别人更注意你对他说什么，而不是脸色，再说，你又不是演员，目的是与人交往，而不是表演，所以即使脸红也不要在乎。这样想开了，做起来也会轻松一些。

第四，知足者常乐，如果你对自己要求过高，总不知足，当然很难感到愉快。人在许多时候都需要自我激励，对自己肯定一下。必要的自我满足是进一步的基础。

当然，有些人觉得调整性格说起来容易，做到很难，那就需要求助于心理医生的具体治疗，然后配合自己的调整。

不要自我设限。每天都大声地告诉自己：我是最棒的，我一定会成功！

## 81 理想与成功的距离

理想与成功之间的距离是什么？答案很简单：就是努力、坚持。理想与成功是每个理想追求者都必须考虑和面对的问题。只要我们稍微总结和归纳一下，就不难发现：但凡成功人士，从小都有一个远大的理想或目标。在实现目标的过程中，肯定会碰到种种困难、困惑或困境，然后必须付出正常人很难想象的努力。这个过程往往是非常痛苦的，甚至是一般人难以想象和忍受的。他们之所以能够成功，就是因为有一种非常的意志叫坚强，有一种非常的理念叫坚持，有一种非常的方法叫努力。

在现实生活中，理想是美好的，理想是可以在一瞬间产生的。但理想和现实之间，理想和成功之间的距离往往需要努力和坚持去拉近并最终到达目的地。理想的实现者和未能实现理想的失败者之间的差别，往往不是在起点上，而是在过程中。他们之间的差距不是智商，而是情商。眼界决定境界，态度决定高度，过程决定结果，努力决定胜利，坚持决定成功。

同样的目标，同样的起点，但对不同的人来说却有不同的态度。如果只有百分之一的机会，你会采取什么态度？积极乐观的人，会以百分之一百的努力去争取；而悲观消极的人，则会半途而废。这就是差别，这就是距离。有时候，也许离成功只有一步之遥，但懦弱者就主动提前结束奋斗的历程了，这是多么令人叹息呀！

为了实现心中的理想，你就必须努力、坚持、坚强和坚信。坚持就是胜利，放弃就是白费努力！

坚持就是胜利！这是革命人民的革命口号。"坚持+积累=希望"，这是我为我自己列的努力工作的固定公式。其中的关键词就是——坚持。

刚才偶尔在网络上看到了一个很特别的小故事，故事是这样的，他说：我给大家讲个建筑工人的故事，想必大家都知道的，有三个建筑工人在共同砌一堵墙，这时，有人问他们："你们在忙什么呢？"第一个头也没抬，没好气地说："你没看见吗？在垒墙。"第二个人抬起头来说："我们当然是要盖一间房子。"第三个人边干活边唱歌，脸上充满着笑容说："我在盖一间非常漂亮的房子，不久的将来，这里将变成一个美丽的大花园，人们会在这里过上幸福的生活。"

过了很多年以后，第一个人仍是一名建筑工人，第二个人成了建筑队的带班队长，第三个人成了他们的总经理。

从这个短短的故事里可以体现出，心态对于一个人来说是多么重要。在同一种环境下，每一人的心态都是不同的，也决定了每一个人的人生。人生很残酷的，不管做什么样的事情，大家的起点都是从零开始的，只要我们保持积极向上、乐观自信，心存必胜信念，我想任何事情都难不倒我们。要学会在逆境中生存，才是生活的强者，同样在逆境中寻找乐趣，不断地积累经验，这样才不会一事无成！

其实每一天都是个新的开始，是坚持的机会，是积累的过程，由此展现出新的生活。我们应该学会活在美好的今日中，而不是永远活在对明天的空想里和对过去的留恋中。活在当下，调整好自己的心态把握现在，把握今天！为自己的明天创造一个更美好的环境吧！

我还看到一本书上的一段话，是这样说的：人生是一条有无限多岔口的长路，每个人都要不停地做选择，而不同的选择也必定造就不同的人生。其实每一个岔口的选择并没有真正的好与坏，因为每一段人生都是我们自己独一无二的选择。

　　我这个人在过去的一段时日里，不是垂头丧气就是自我陶醉。回想起来我在早几年一步步几乎走的都是岔道，因此就无形中把自己的一段人生，塑造得如此无奈和焦躁。浪费了好多宝贵的光阴。要是那个时候我就能够懂得人生的意义，就能懂得坚持努力有多宝贵。虚渡的光阴是再也找不回来了。关键是现在，如何再去努力。说不定我会走上一条成功的道路。

## 或许成功并不像想象中那么难　82

何为成功？有了钱就算成功吗？

每个人都有自己的生活，只是方式不同。因为追求得太多，所以会失败，把追求减少，把那些所谓成功人士的伟绩看淡，人生本来是什么也没有，不用每天想得太多，追求得太多，每天进步一点点，生活很现实，非常现实。

现在有了钱的那些人，以前能想到今天的自己吗？

何为成功？成功不过一个虚名罢了，人世中的许多事，只要想做，都能做到，该克服的困难，也都能克服，只要一个人还在朴实而饶有兴趣地生活着，他终究会成功。

记得在初中时，我的学习成绩总是不甚理想，每次考试都徘徊在20名左右，与学校颁发的奖学金总是擦肩而过，班上家庭条件跟我差不多的同学，由于成绩优异都拿到了学校奖学金。这样屡屡落后于人，让自尊心极强的我感到极不平衡，心里隐隐感到从未有过的耻辱。为什么同样的班级，同样的课程，同样的老师，会出现优秀生和差生。而以我当时的成绩在班上只属中等水平。家庭的困窘，生活的痛苦，不甘人后的心，成为了我立志要改变的动力。

改变，意味我将去除以前不好的习惯，逐渐培养好习惯，而我又将从何着手呢？

仔细观察全班第一名的同学，他的学习方法和学习态度都与众不同。其实他并不聪明，且反应有点迟钝。我发现每次作业他总是最细心，每天晚自习他总是最后一个离开教室，他本来写字不好，可他一笔一画地写，老师讲课，他也是最认真听的一个，最爱提问的。他比任何人都认真、努力、吃苦。我知道，要学习就跟第一名学习，即使不能拿第一，成绩也是很相近的。后来我发誓，为了成功我一定在本学期拿到全班前三名。有了目标，我给自己每天制定行动计划。这样，篮球场上我的影子少了，录像厅里已没有我的身影，相反，学校的阅览室中常常能看到我的身影。每天早操过后，同学们都跑到教室，而我则独自在寝室温习功课，晚自习之后我则在练习写作，制定计划，渐渐地我变得更自信，更有活力。时间过得也真快，第一学期结束了，我理所当然地拿到全班总分第三名，与第一名只差 8 分。也领到了那梦寐以求的学校奖学金。成绩公布的那天，我激动地流下眼泪，因为我知道，为了这一天，我牺牲了许多，但我也知道这是值得的。取得优异成绩的同时，我也养成了好的习惯，从前那些不良行为在我身上消失了。其实，我们也可以成为成功者，只要我们去模仿成功者，学习成功者，成功的硕果也会属于我们。

"假如我不能，我一定要。假如我一定要，我就一定能。"一个人首先要相信自己的能力，学会自助，其实我们每个人都有构造完美人生的能力。

"成功者并非比你聪明，只是他们比你努力，比你认真，他们比你用力而已。"这句话在过去三年能够改变我，相信在以后的工作学习中，也将有助于我。

并不是因为事情难我们不敢做，而是因为我们不敢做事情才难的。

1965 年一位韩国学生到剑桥大学主修心理学。在喝下午茶的时候，他常常到学校的咖啡厅或茶座听一些成功人士聊天。这些成功人士包括诺贝尔奖获得者，某一些领域的学术权威和一些创造了经济神话的人，这些人幽默风趣，举重若轻，把自己的成功都看得非常自然和顺理成章。时间长了，他发现，在国内时他被一些成功人士欺骗了。那些人为了让正在创业的人知难而退，普遍把自己的成功艰辛夸大了，也就是说，他们用自己的成功经历吓唬那些还没取得成功的人。

作为心理系的学生，他认为很有必要对韩国成功人士的心态加以研究。1970年，他把《成功并不像你想象的那么难》作为毕业论文，提交给现代经济心理学的创始人威尔·布雷登教授。布雷登教授读后大为惊喜，他认为这是个新发现，这种现象虽然在东方甚至世界各地普遍存在，但此前还没有一个人大胆地提出来并加以研究。惊喜之余，他写信给他的剑桥校友——当时正坐在韩国政坛第一把交椅上的人——朴正熙。他在信中说："我不敢说这部著作对你有多大的帮助，但我敢肯定它比你的任何一个政令都能产生震动。"

后来这本书果然伴随着韩国的经济起飞了。这本书鼓舞了许多人，因为他们从一个新的角度告诉人们，成功与"劳其筋骨，饿其体肤""头悬梁，锥刺股"没有必然的联系。只要你对某一事业感兴趣，长久地坚持下去就会成功，因为你的时间和智慧够你圆满做完一件事情。后来，这位青年也获得了成功，他成了韩国泛业汽车公司的总裁。

## 83 行走的人开始奔跑

已经很长一段时间处于消沉的状态了。在这段时间里，我也是一直在寻找，到底是什么原因导致此刻的我处于不能自拔、无法自救的消沉状态。

虽然不能够把自己恢复到几个月前的奋斗和激情的状态，但是我很清楚这个状态从哪一刻开始的，并且很清楚是什么导致我有了这样的状态。

听过很多次同样一句话：很多人 25 岁就死了，只不过 75 岁才埋。

我今年正好是 25 周岁。同样经历了死去的心路历程。

我以为回到这个熟悉的城市，我就能够安下心来，进行生活的规划，享受真正的生活。

其实，我想错了。

一个人，只有面对压力，只有寻求方向的时候，他才会把自己放在悬崖的边上，摸索前进，因为他担心下一刻他就掉下悬崖，再无回天之力。

这其实是一个人的自我压迫。也正是一个人的自我压迫，才能不断前进，寻求新的发展，新的生活。

凤凰涅槃，定是一番新状态。而不再是同样的生活再重复一遍。

很多时候，我就在想：我们记不起太多的过往，那是因为我们过往的每一天，甚至每一刻都是在重复相同的生活，千篇一律，并无太大差别，又怎么能够记住那些平庸的生活呢？

一个简单的假设：今天你在攀登珠穆朗玛峰，明天你就去了大海的最深处，下周你准备探索月球，而后你从容归来，周游列国。

我想，在你老去的那一刻，在你把自己的墓志铭写上满满的人生经历的时候，你是否还觉得，生活是单调的重复呢？你是否会忘记在每一个地方不同的历险经历，无数次曾险些夺走你鲜活生命的过往？

因为我想，我这段时间如此消沉，以玩游戏发呆看资讯浪费时间来说，真正地浪费了太多宝贵的生命。

我曾很多次希望再次回到大学时代，因为那里有大把的时间可以学习，充实自己。但是我忽略了一点，这段时间以来，我空闲时间很多，这和大学无异，但是我并没有像自己渴望的那样，充满着激情，如饥似渴地吸收着知识的养分，依然同样在无聊中虚度了很多宝贵的光阴。这便是大学生活的重播。很多人都渴望回到过去，可是假如时光倒流，我们又能抓住什么？

这是很多歌词表达的同样的哲学道理。我们寄予过往太多的期望，满满的都是遗憾，可是我们忽略了最重要的是，未来的还没来，而我在现在。

人生没有计划，我突然意识到这个问题，当你计划下一步做什么，再下一步做什么的时候，那可能只是个简单的参考，我们经常在做计划的时候，忽略很多突发因素，这些突发因素才是生活不可抗拒的元素，是它们构成了现在的生活。

所以，我的计划都是被打乱的。同时，假如一个计划只把某个结果当作目的地，这样的计划从一开始就是失败的。

人生没有目的地，当我们到达顶峰的时候，我们要思量怎么下山才最舒适、最安全、最快捷。

所以，我一开始把目标定在了在这个城市安分地定居、生活，过平凡人应有的生活。这可能是一个错误的决定和方向，也就是因为这样的决定，让我蒙蔽双眼，没有更长远的打算、更开阔的视野、更精彩的生活。

平凡的生活是幸福的，也是索然无味的。

很多人会问，生活的一切，都将终归于平静。但是他们往往忽略了最重要的一点，平凡的生活，会更早地接近索然无味，在平静之中，很多人已经死在了青年时代，抑或中年时代，他们甚至没有考虑过自己可能还有别的活法、异样的精彩，甚至有可能在充满着令人想象的下一刻中，体会到生活和生命的本质。

长亦空，短亦空。你和别人不同的就是，别人在无聊地守候着早晚的炊烟寥寥，而你在世界的各个角度，看尽花落花开、云舒云展。

所以，不能够停下，继续行走、奔跑、绝对会看见不同的风景。行走的人开始奔跑，无聊的人继续无聊。

## 让或不让  84

　　孔融让梨的故事早已成为千古美谈，六尺微巷已为众人所称颂。然而，面对那一枚枚闪烁着金光的世乒赛金牌，我不禁问道，我们是否应该让出它们，我们到底该让出什么？

　　诚然，当世乒赛的现场一次次奏响国歌，国人是那么自豪、骄傲，然而面对所谓"垄断"的质疑层出不穷，我们也会焦虑，反思，那么，我们又是否该让？在我看来，我们可以让出技术，而不是让出奖牌，我们可以让出科学的训练方法，却绝不可以故意削弱自己的实力，使他国获得金牌，粉饰出世界的一片繁荣多元的假象。

　　时光匆匆而逝，一百年前的中国放发了巨变，一百年来，我们感受到了中国生机勃勃的改变，我们要自豪地说，这些改变是靠中国人的手创造出来的，我们何时要求过英美国家让出一片天地呢？

　　授人以鱼，不如授人以渔。当我们先进的乒乓球训练方法达到世界领先水平时，我们有理由与他国做技术交流，让出技术。而当我们的水稻种植技术，因袁隆平的成果而提高时，我们也主动提出让他为世界水稻种植培养人才。

　　只有这样，才能解决粮食问题，而不只是一味地让出粮食，救济饥饿人口。孔融让梨，六尺微巷，让出的是一种传统美德，让出的，是一种人性的美好。而让奖牌却非如此，让粮食让钱，让一切一切的物质，仅仅只能救一时之需，甚至有时违背了基本的道德准则。只有当先进的技术为世人所共享时，我们才真的可以看到高水平的比赛，我们才真的可以看到这世上再无饥饿啼哭的孩子，我们才真的可以看到人们的笑脸绽放在世界的每一个角落。

　　你让或不让，世界都会因此而改变；你让或不让，没有人会强迫。然而当你思考让或不让之前，请一定记得考虑，是让出一时的荣誉，换那世界一时的"荣光"，还是让出技术，让出科学，换那世界阵阵爽朗明快的笑声，换那幸福生活万年长。

## 换个视角看生活　85

　　如果我们把目光投向阳光下的玻璃,只能看到玻璃上的灰尘,仅此而已。生活中的琐事往往孕育着大智慧,那就要看我们用怎样的视角去领悟其中的道理。

　　星期天的中午,阳光明媚,女儿悠闲地和我坐在阳台上晒太阳。忽然,我想起了上学的时候老师说的一句话,我就问女儿:"你看一下窗户上有什么?"女儿反应敏捷知道我在测试她的观察能力,她立马起来凑到窗子那细心地观察起来。过了一会,她自信地说窗户上有个小泥点,像米粒那么大,不细看是看不见的。我继续追问,"除此以外,还看见什么?"她再次打量窗户,一寸一寸认真检查,生怕遗漏,结果显示别无其他。

　　哗!我将窗帘拉上后,阳光被挡在门外,屋里立马变得昏暗。女儿不解地问:"大白天的,拉窗帘干吗?"我又反问道:"你再看看玻璃上有啥?"孩子说阳光被挡在门外,屋里太暗,看不清。猛地,她突然看见有一边的帘子没拉严,露出一条细细的缝,一缕光从那里透过来,虽然很少但很亮。我又将窗帘全部拉开,耀眼的阳光洒满阳台。孩子兴奋地说:"玻璃上不但有小泥点还有大片的阳光。"

　　看着孩子学会站在不同的视角看问题我也很欣慰。心态决定视角,视角也会影响我们的心情,当我们用乐观的心情去看窗户,看到的是缕缕阳光,用斤斤计较的心情去看,看见的只是小泥点。只有用积极乐观的人生态度去理解别人,懂得欣赏别人的优点,才能获取更多的快乐。

# 86 新的一天给予自己新的能量

### 人生哲理的优美段落

一、这世界并不是所有的东西都符合想象,有些时候,山是水的故事,云是风的故事;也有些时候,星不是夜的故事,情不是爱的故事;许多人走着走着就散了,许多事看着看着就淡了,许多梦做着做着就断了,许多泪流着流着就干了。人生,原本就是风尘中的沧海桑田,只是,回眸处,世态炎凉演绎成了苦辣酸甜。

二、正悟人生戏,邪悟戏人生。水里火里的舞台,挣扎煎熬的表演。你方唱罢我登台,延续千万年,天地一舞台。人类是主角,万物为道具。演绎逼真情节,忘记本来面目。辛辛苦苦,轮回演出,期望完美谢幕。

三、不管国家也好,个人也罢,我们只有学会做人,只要拥有良心,拥有铁一般的诚信,即使不打一分钟广告,也会顾客盈门,不请自来。因为良心是最好的卖点,诚信是最好的名片。

四、人生短短数十年,然后就都会陆续离开这个世界。离开的时候,纵使生前过着无比奢华和享受的生活,死后依然是掩埋在一抔黄土之下,依旧会被蛆虫啃噬最终腐烂。而百年之后,将不会再有人记起你,不会再有人记起你所走过的路,不会再记起你生前的成就以及所享受过的生活,人们所能记起的也仅仅是在你的有生之年而已。

五、有些人,注定是等待别人的,有些人,注定是被人等的。一件事,再美好,你做不到,也要放弃;一个人,再留恋,不属于你,也要离开。每个人的生命都免不了缺憾,最真的幸福,莫过于一杯水、一块面包、一张床，还有一双无论风雨，都和你十指相扣的手。

六、感情再深、恩义再浓的朋友，天涯远隔，情义终也慢慢疏淡。不是说彼此的心变了，也不是说不再当对方是朋友，只是，远在天涯，喜怒哀乐不能共享。原来，我们已是遥远得只剩下问候，问候还是好的，至少我们不曾把彼此忘记。

七、无论我们做任何事情，都应该有"亮剑"精神。不管事情多么难做，对方多么强大，我们必须亮出剑来，全力以赴地投入。

八、人最悲哀的，并不是昨天失去得太多，而是沉浸于昨天的悲哀之中。人最愚蠢的，并不是没有发现眼前的陷阱，而是第二次又掉了进去。人最寂寞的，并不是想等的人还没有来，而是这个人已从心里走了出去。

九、戏路如流水，从始至终，点滴不漏。一路百折千回，本性未变，终归大海。一步一戏，一转身一变脸，扑朔迷离。真心自然流露，举手投足都是风流戏。一旦天幕拉开，地上再无演员。

十、如果一个商人可以做到良心第一，那么他（她）的生意不想火都很难，因为没有人会拒绝一个用良心做买卖的人！只会生意红火，蒸蒸日上，顾客踏破门槛，低销多卖，财源必会滚滚来，这样多么心安踏实。

十一、相信自己有福气，但不要刻意拥有；相信自己很坚强，但不要拒绝眼泪；相信世上有好人，但一定要防范坏人；相信金钱能带来幸福，但不要倾其一生；相信真诚，但不要指责所有虚伪；相信成功，但不要逃避失败；相信缘分，但不要盲目等待；相信爱情，但不要求全责备；相信上帝，但别忘了锁上门。

十二、挫折就是当你年轻时有大把时间可以旅游、可以去玩，面临社会压力，努力做个人上人。等到壮年，钱有了，却走不开，没有时间，你一定恼火，悔不当初，而当初还不是悔及没有钱。

所以站在哪个阶段都会有遗憾。

十三、人生有太多的遇见，擦肩而过是一种遇见，刻骨铭心是一种遇见。有很多时候，看见的，看不见了；记住的，遗忘了。无论在对的时间遇见错的人，还是在错的时间遇见对的人，对于心灵，都是一次历练。

十四、婚姻，是用来经营的；生活，是用来成长的；智慧，是用来飞翔的；眼泪，是用来坚强的；流年，是用来回忆的；沧桑，或许会催老了容颜，但经历，永远是人生中，一笔无价的财富。

十五、有些伤痕，划在手上，愈合后就成了往事；有些伤痕，划在心上，哪怕划得很轻，也会留驻于心；有些人，近在咫尺，却是一生无缘。生命中，似乎总有一种承受不住的痛，有些遗憾，注定了要背负一辈子；生命中，总有一些精美的情感在我们身边跌碎，然而那些裂痕却留在了岁暮回首的刹那。

十六、难过的时候，给自己一个微笑，那是一份洒脱；吃亏的时候，给自己一个微笑，那是一份淡然；失败的时候，给自己一个微笑，那是一份自信；被误解的时候，给自己一个微笑，那是一份大气；无奈的时候，给自己一个微笑，那是一份达观；痛苦的时候，给自己一个微笑，那是一份解脱。真正的勇者，不是没有眼泪的人，而是含着眼泪微笑奔跑的人！

十七、时光流逝，再好的终要被遗忘，坏的不开心的也会被遗弃在角落里，再悲伤亦不过是浮梦一场。现在能做的，是找一个静静的地方，让自己静心思考，明白该如何做，才能够不让珍惜的东西、重要的人再次失去，明白该如何做才能吸取经验，吸取力量，继续坚定地前行，寻找喜欢的东西，去做正确的事。

十八、出门问路，需要勇气；去陌生的地方打拼，需要勇气；第一次登台演讲，需要勇气；对心爱的人说那三个字，需要勇气；挑战极限，实现自我，需要勇气；诸多的第一次，需要勇气；面对强敌，我们更需要勇气。

十九、人生这条路上，能走多远，看到怎样的风景，能遇上谁，邂逅怎样的缘分，皆无定数。我们能做的，就是选择后不抛弃，放手后不愧悔。心似莲花，瓣瓣沁香。

二十、一个人总要走陌生的路，看陌生的风景，听陌生的歌。最后你会发现，原本费尽心机想要忘记的事情真的就那么忘记了。明明说着看开了，放下了，每次却总是不自觉地想起那个给予温暖的人；每每又总是在微笑沉醉时看到了现实，想到了伤痛，然后冷的感觉再也暖和不起来了，如此反复，心，终于累了，现实就是这样。我曾经醉过，却又最终醒来，我正在行走，却找不到方向。

二十一、正所谓"独乐乐不如众乐乐。"不错！当玫瑰离开了原主人的手里，并实现了更有意义的价值。此刻，送人玫瑰者必定是开心的，得玫瑰者亦如此。即使，手中已没了那朵玫瑰，但是，那份淡淡的清香仍留在我的手中，久不散去。事情是微小的，精神却是需要发扬光大的。

二十二、生命，是一场孤独的跋涉，一个人走，一个人跑，一个人流浪；一个人哭，一个人笑，一个人坚强。一场磨难，是一场洗礼；一场伤痛，是一场觉醒。走过，累过，哭过，才会成长；痛苦过，悲伤过，寂寞过，才会飞翔。

# 87 人生路漫漫，
　　别只活一次

今天看了一篇文章，这篇文章叫做《死于25岁，埋于75岁》。看完之后，我的内心感触很深。同样我也看到了一个这样的视频，视频中的故事是这样讲述的：一个大约25岁的男子在天台浇花，却因为不小心踩到了地上的香蕉皮，从楼顶落下，下落过程中，他以幻灯片的形式回忆了他的一生：从呱呱坠地，牙牙学语，一路走来开开心心的，直到结婚，找了一份稳定的工作，慢慢地一年一年，他脑海中只有坐在办公桌前，坐着，就这样坐着，越来越无精打采，到最后发狂。

这时候又回到现实中，他还在下落，他默默地拿出一个火机，点燃一根烟，等待着落地。

也许现实就是这样了，在我们小时候，我们都是很开心的迎接第二天的太阳，明天活得很多彩，后来我们长大了，真正体验生活的时候才会觉得，人的这一生呀，到底是为了谁而活着，为了谁去坚强？

如果说，细胞每7年更新换代一次，算你活到80岁，那么你完全可以拥有11次不同的人生。7年你可以成为一个诗人，可以成为一个演员，成为一个CEO，还可以成为一个科学家。当我们长大了，越发觉得生活枯燥，激情也被它越磨越少。文中说的"死于25岁"，是指一个人对生活的激情没有了，对梦想不再渴望，每天重复着同样的生活，那他就死于重复的第一天了，谁也不会知道他什么时候才能获得新生。

猎枪的惊吓，猎狗的追杀……

兔子整天提心吊胆过着生不如死的日子。

一天，兔子实在是活够了，它飞快地向河边跑去决定跳河自杀。兔子刚到河边，还没等跳河，就见几只被惊起的青蛙扑通扑通跳到河里去了。

兔子一个急刹车愣住了：有害怕我的？还是有比我活得更悲惨跳河的……兔子定了定神，反身钻入了丛林。

现实一点点地将梦想的火焰浇灭，一点点地削去梦想的棱角。一个人到底是将一年活了365天，还是一年只重复了一天，谁又能保证呢？所以，保持初心，坚持梦想，用自己的激情燃烧生活，将自己的热情付之梦想，不怕出走半生，只愿归来仍是少年！

## 88　跳出发霉的圈子

我们如果想遇见更美好的生活，就得不断啄破困住我们的壳，如此才能一步一步地遇见更好的生活、更好的自己。

人分三六九等，这一点我十分认同，但一个人在一个圈子里待久了，就会忽视这一点，总觉得现在就已经很好了，不会有更好的圈子。

当一个人在一个圈子里待久了，就不愿意去改变，就不愿意去进一步突破自己，去寻找更好的圈子。

可是谁不想能进入更好的圈子，认识更优秀的人，但是从一个圈子跳到另一个圈子里谈何容易，我们总是会被固有的思维束缚住，同时也会被自身的能力束缚住，我们没有更好的能力，无法在更好的圈子里站住脚，这点是毋庸置疑的，我们想要跳进更好的圈子，但前提是我们得有与之媲美的能力。说来说去，还是实力不够、财力不够、能力不够，这些限制条件使得我们不能超脱出现在的圈子，前往更好的圈子，认识更好的人。

如果我当初成绩再好些，或许就能考进一所重点大学，在重点大学里，当然都是些学习更好的人，脑子更好用的人，这些人在将来肯定从事很好的工作，进入更好的圈子，这或许就是一个人，人生第一次的圈子划分。

想想这个社会，哪一个地方不分三六九等，飞机上有经济舱和头等舱，宾馆里有经济房和总统套房，房子有经济适用房和别墅，大学有一本、二本、三本、专科之分，这些区分导致人也有不同层次的区分。

如果你是一个有品位的人，当然不愿意与 Low 的人为伍，所以说想要跳脱出现在尴尬的处境，就得努力、努力、加倍努力，唯有努力才能成为我们人生的踏板，带着我们飞向更好的圈子。

当我们习惯了现在的生活、习惯了现在的岗位、习惯了现在的自己，就不想再前进与突破，我们拿年纪和精力做幌子，时时刻刻提醒自己要安于现状，要懂得珍惜现有的平静生活，渐渐地我们被柴、米、油、盐、酱、醋、茶，磨平了棱角，一点点地失去了蝶变的动力和勇气，甘愿待在舒舒服服的茧里面，而不愿改变，更不愿蝶变，久而久之，我们就困死在茧里，永远成为不了可以遨游于天际的美艳蝴蝶。

当你开始抱怨生活时，有没有想过去改变它，让生活变成自己更向往的、更想要的、更适合的，与其抱怨，为何不沉下心来，想想对策，想想方法，想想该如何跳出这个发霉的圈子，让自己破茧成蝶。

圈子可以困住你我，但也能产生突破自我的动力，就像刚出生的小鸟，唯有啄破蛋壳，才能看见美丽的世界，我们如果想遇见更美好的生活，就得不断啄破困住我们的壳，如此才能一步一步地遇见更好的生活、更好的自己。

# 89 创业是艰苦的过程，
   也是创造的过程

美国的哈佛大学曾经做过一个耗时 25 年的测验。那一年，一群意气风发的大学生从美国哈佛大学毕业了，他们即将开始穿越各自的事业人生。他们的智力、学历、面临的环境条件都相差无几。

在临出校门时，哈佛大学进行一次试验，对他们进行了一次关于人生目标的调查。结果是这样的：

27% 的人，没有目标；

60% 的人，目标模糊；

10% 的人，有清晰但比较短期的目标；

3% 的人，有清晰而长远的目标。

25 年的时间里，哈佛大学一直在对这群学生的发展进行跟踪调查。最后发现结果是这样的：

3% 的人，25 年间他们朝着一个方向不懈努力，几乎都成为社会各界的成功人士，其中不乏行业领袖、社会精英；

10% 的人，他们的短期目标不断地实现，成为各个领域中的专业人士，大都生活在社会的中上层；

60% 的人，他们安稳地生活与工作，但都没有什么特别成绩，几乎都生活在社会的中下层；

剩下 27% 的人，他们的生活没有目标，过得很不如意，并且常常在抱怨他人、抱怨社会，在所有的抱怨中，一个共同的主题是"世界不肯给他们机会"。

其实，他们之间的差别仅仅在于：25年前，他们中的一些人知道为什么要前进，而另一些人则不清楚或不很清楚。

目标清晰，长期坚持，最终获得成功。

阿里巴巴无疑是中国互联网史上的一次奇迹，但是阿里巴巴创业开始，钱也不多，50万是18个人东拼西凑凑起来的。

那是1999年，中国的互联网已经进入了白热化状态，国外风险投资商疯狂给中国网络公司投钱，网络公司也是疯狂地烧钱。50万，只不过是像新浪、搜狐、网易这样大型的门户网站一笔小小的广告费而已。阿里巴巴创业开始时相当艰难，每个人工资只有500元，公司的开支一分钱恨不得掰成两半来用。外出办事，发扬"出门基本靠走"的精神，很少打车。据说有一次，大伙出去买东西，东西很多，实在没办法了，只好打的。大家在马路上向的士招手，来了一辆桑塔纳，他们就摆手不坐，一直等到来了一辆夏利，他们才坐上去，因为夏利每公里的费用比桑塔纳便宜2元钱。

阿里巴巴曾经因为资金的问题，到了几乎维持不下去的地步，当时创业艰难百战多，8年过去了，2007年11月6日，阿里巴巴在香港联交所上市，市值200亿美金，成为当时中国市值最大的互联网公司，由此缔造了中国互联网史上最大的奇迹。

大部分想创业的人都是一样，晚上想想千条路，早上起来走原路。他们很聪明，能想出非常多的创业好点子来，但是他们从来没有去执行过。因为他们有着太多的借口和理由。

"我没有钱。"他们都这样想。于是他们继续过他们平庸的生活。俞敏洪在北京大学的一次演讲中说：人的一生是奋斗的一生，但是有的人一生过得很伟大，有的人一生过得很琐碎。如果我们有一个伟大的理想，有一颗善良的心，我们一定能把很多琐碎的日子堆砌起来，变成一个伟大的生命。但是如果你每天庸庸碌碌，没有理想，从此停止进步，那未来你一辈子的日子堆积起来将永远是一堆琐碎。

# 改变自己，90
# 重在取舍

俄国作家克雷洛夫说："对于命运的变化无常，我们慨叹得太多了。发不了财的，升不了官的，都要埋怨命运不好。然而，仔细想想吧，过失还是在于你自己。"

是的，在人生的舞台上，我们都是自己剧本的作者。心灵是纸，行为是笔，大脑灵光牵引进入梦之旅。一路追逐，一路选择，一路取舍。有人在取舍中成长，有人在取舍中沉沦。

在人生的道路上，风雨飘摇，崎岖坎坷，得失参半，福祸同行。我们无论欣赏什么风景，无论处在什么境地，遇事都要冷静，要用智慧的思维去分析，去决断。智慧的思维应该是与时俱进的、集思广益的、行善积德的、宽以待人的、严于律己的良好品质，而不是怨恨、嫉妒、虚荣、忧郁、沮丧的负面情绪。

在人生名利场上，人们不断地周旋于"得到"与"失去"之间，也知道"鱼和熊掌不可兼得"的道理，却没有注意"择鱼"或"择熊掌"对自己今后人生的影响。走过的岁月会告诉你，若想改变命运，经营好自己的人生，智慧取舍最重要！

70年代中期，某工厂有两名风华正茂的女青工成了众人注目的"红人"，大家分别称她们为"笔杆子"、"靓妹子"。

笔杆子女孩个儿不高，相貌平平，只是她活泼阳光、勤学好问的个性自成亮点。她喜欢读书，喜欢舞文弄墨，经常写通讯报道及评论文章，组织编辑车间宣传板报等等，"笔杆子"的雅称就由此而来。

靓妹子女孩天生丽质，进厂第一天，就以漂亮的容貌和身段吸引了人们的眼球。平日，一些外车间的青年小伙有事没事都到她工作车间的窗外张望，一饱欣赏美人的眼福。爱美之心人皆有之，更何况在那个娱乐活动匮乏的年代，人们对美人的兴致就不足为奇了。

几年后，这两位姑娘的人生抉择让她们走上了不同的人生运程。

笔杆子对学习和工作认真负责的态度，得到了厂财务科科长的赏识，将她调到财务科。没干多久，77年恢复高考，唤醒了笔杆子多年压在心头的求学梦，她毫不犹豫地报名参加高考。科里一位年过六旬的老会计告诉她："科长本意是想培养你接他的班的，因为他未来的目标是走出财务科，到厂部任党委书记，你现在真让他失望。"笔杆子听后心情也很复杂，一边是自己初衷挚爱的求学梦，一边是提携自己升级的恩人，何去何从，好纠结！

最终，她还是选择了读书。因为她很清楚，在职场上依自己的个性，根本不是什么当官的料。她可以成为一名优秀员工，却不能成为半个领导，唯有读书和自由自在才是自己快乐的源泉。

后来，读书改变了她的命运，让她获取了一份相对稳定的、适合自己的工作。但她对当年不听科长的话，执意去读书一直深感内疚，毕竟科长是将她从车间调进科室的贵人呀！

多年后，别人告诉她，那位科长在她上学不久，便调到厂部任党委书记，之后又调往市里有关部门当领导了。笔杆子听后，深感负疚的心灵终于得到一点释怀。她怀着歉意拨通了科长的电话说："科长，对不起，因为我那年的任性，辜负了您的期望，我向您道歉！"

那头传来了科长惊喜的声音："是你呀，你当年的选择是正确的，不然现在就惨了。我们原来的工厂由于某些领导经营不善，已濒临破产，很多职工都下岗了。"

听了科长的话，笔杆子沉默了。谁知道呢？谁能预测呢？自己几十年前的一次取舍就决定了自己未来的命运,走过后才明白,读书送给自己的礼物是多么的厚重!正应了那句"唯有读书高"的古语。

她从自己的经历体会到:普通人家的孩子、没有颜值的孩子、天生有生理缺陷的孩子,他们只有靠读书才能改变自己的命运。读书不一定保证你毕业就立刻找到自己想要的工作,但它至少让你就业选择有更多的机会,而且一旦走上工作岗位,你会很快得心应手地进入角色,而不是手忙脚乱或无所适从地敷衍工作。

笔杆子通过读书丰富自己的心灵,激活自己的思维方式,提高自己对问题的判断力和处理能力。她还根据自己的特质扬长避短,在人生的舞台上活出自己的本真,享受属于自己的人生快乐。

相比之下,当年那位靓妹子的命运就令人叹息了。她嫁了一个有头有脸的公职人员,在外人看来,他们是令人羡慕的"郎才女貌"的完美结合,可有谁知道,在这光鲜亮丽的背后,隐藏着多少伤心的故事。

靓妹子的丈夫脾气暴躁,专横跋扈,唯我独尊,尤其对家人更甚。平时处理一些家事,不管有理无理,稍不顺心就拳打脚踢。在外工作与人产生矛盾,回来拿老婆撒野。靓妹子也知道自己嫁错了郎,但她没有勇气摆脱这渣男的虐待,也没有找到积极的方式去排泄悲愤,终日郁郁寡欢,以泪洗面。最后在极度抑郁和忧伤中患上乳腺癌辞世了。那年她才四十多岁。

靓妹子的悲惨命运,是否可以警醒即将步入婚姻殿堂的人们:不要太依赖别人,婚姻没有保险!婚姻这艘船,一旦驶入大海,它的航向就无法预测,况且当事人根本不知道自己是否上错了船。于是,引起婚姻解体的因素就有了一百个可能。但不管怎样,只要你有自己的人生目标,有自信、自强的底气,就不怕世事无常。

靓妹子嫁个有钱有势的男人无可厚非，因为追求荣华富贵是人的本能，她错就错在遇上自己命中的克星渣男，没有及时逃离出来。是懦弱？是虚荣？是依赖？我们都无从得知，只能说假如她当初知错即放弃那恐怖的婚姻，也许就另一种命运了。

哲人说："要么你去驾驭生命，要么就是让生命驾驭你。你的心态决定谁是坐骑，谁是骑师。"

人生苦短，来去匆匆，好命运，坏命运，都是你的处世态度使然。境由心生，你的心境，决定你的处境，由此决定了你的命运。如何正确取舍人生的得与失，来自你的悟性：悟出光明，你就拥有好心态，豁达开朗，积极向上；悟出黑暗，你会活得很累，郁郁寡欢，伤神伤身；悟出邪恶，你就狭隘颓废，无法无天，胡作非为。

良好的悟性，来自不断读书学习，不断身体力行，不断积累经验。无论你现在处在什么年龄，都要学会掌控自己的心态，正确处理人生际遇。这些际遇或是工作、事业的转折，或是生活、情感的起伏，或是悲欢离合的现实……在筛选权衡之后，取要果断，舍要无悔。你只需做好当下的事，一切交给时间去定论。

## 变通思维,就能有意外收获

91

尘世间,人生之旅的方向选择,错综复杂的人际关系,百思不解的是非得失,常常把我们弄得晕头转向,把我们的思维推进死角。这时候,我们只要换个位置去思考,拐个弯儿去处理,也许很多问题就可以迎刃而解了。

有一只生活在海里的蚌在张开自己的外壳时,不小心让一颗小沙砾进到了自己的身体内。沙砾不断刺激海蚌的外套膜,使之又痒又痛,逼迫蚌不得不分泌出一些乳液来润滑这颗沙砾。

日复一日,年复一年,沙砾终于变成了晶莹剔透的珍珠。从沙砾的角度看,它借蚌的乳液完成了自己美丽的蜕变。从蚌的角度看,它经受了沙砾入体的痛苦煎熬,最终孕育出一颗璀璨的珍珠。蚌和沙砾都收获了自己生命的精彩绝伦。

这个故事向我们阐明了一个道理:当两个毫不相干、性质各异的物体因缘分碰撞到一起时,不必拼个你死我活,双方可以换个思路——兼容并蓄,互利共赢。

要知道,有些成功,单靠个体的资质和力量是不可能实现的。就像价值连城的珍珠,没有沙砾,蚌孕育不出来;没有蚌,沙砾还是沙砾。

现实生活中,我们处理人与人、人与事之间的关系,是否也能在尊重客观事实,尊重他人,感恩历练之后收获幸运呢?答案是肯定的。但前提是你的思维必须走出僵化保守,必须善于变通。善于变通应该是懂得换位思考的、为别人着想的、能屈能伸的、与时俱进的。

譬如，当你在工作中发现自己心头笼罩着嫉妒别人的阴影时，你可以设想一下，要是我处于他的位置，我愿意外人对自己冷嘲热讽吗？这是不言而喻的。既然己所不欲，就勿施于人。如此将心比心，你的羡慕嫉妒恨便可消失很多。

一个人，只有容得他人的优秀，接纳自己的不足，才是豁达大度的、品德高尚的人。

又如，你正处在商业竞争中，不要为了一己私利搞恶意竞争，这是自我毁灭的把戏。相反，你以诚信为本，为别人着想，最终受益的还是你。如果你与他人经营发生矛盾，可以换个思维方式，即在各自利益关系的权衡下，寻找双方和谐发展的途径，互利共赢。就像蚌与沙砾故事寓意的那样：你在提高别人价值的同时，也提高了自身的价值。

再如，当我们在追求自己梦想的过程中，遭遇挫折或进退两难时，不必恐惧，不必自卑。不要怨天尤人，不要盲目硬闯，而应该鼓励自己："我是幸运的，命运之神现在只是提醒我拐个弯，走别的路径，或许那正是适合我发展的、一路向暖的成功之路。"

思维转变了，心态就阳光灿烂，精神就积极向上。在愉悦的精神状态下，人的办事效率会得到很大提高，而效率的提高，会让人持续获得喜悦和信心。如此良性循环，幸运就离你不远了。

人的一生，有太多的变数需要我们去面对。我们只有不断努力学习和更新思想，才能适应客观世界的变化，才能顺应历史发展的潮流，才能跟上时代的步伐。

时代的列车在高科技引领下前进，时而飞速，时而拐弯，飞速和拐弯都会淘汰守旧者、懒惰者、犹豫者。

你还等什么？让自己的思维活跃起来，让自己的梦想付诸行动，迎接自己的幸运到来，创造自己的美好人生。

## 心有不甘才会更加努力　92

人生是好是坏，不由命运来决定，而是由心态来决定，我们可以用积极心态看事情，也可以用消极心态。但积极的心态激发潜能，消极的心态抑制潜能。

很喜欢的东西，在有能力买的情况下，一定要买！在自己能买下的情况下，买质量最好的。

有些东西即使一时运气好得到了，还是会在别的时候别的地方失去的。爱护每一个器官，千万不要觉得自己还年轻作死不要紧。

我不完美，但至少我会对我好的人好。

宁可去碰壁，也不能只在家面壁。是狼就要练好牙，是羊就要练好腿。什么是奋斗？奋斗就是每一天很难，可一年比一年容易。不奋斗就是每天都很容易，可一年比一年难。能干的人，不在情绪上计较，只在做事上认真。无能的人，不在做事上认真，只在情绪上计较！

不努力的男人只有两种结果：抽不完的低档烟和干不完的体力活。不努力的女人只有两种结果：逛不完的菜市场和穿不完的地摊货。

没人在乎你曾受过多大的委屈，没人在乎你在多少个深夜痛哭过，不会有人在意你的脆弱，你要独自撑过，不会有人在乎你，除了你自己。

无聊的时候，喜欢掏出手机看一下时间，然后解锁，翻动几页功能表，又锁屏放回裤兜里！

世界上最近的距离不是眼前的瞬间，也不是意念和誓言，而是漂流到哪里的你和我的心。因为你知道我"爱"你！对不起，爱你那一阵子我眼睛瞎了。

人不可能真正改变世界，但人可以改变对世界的感觉。人可以欣赏春风袅袅的柔美，也可以喜爱白雪皑皑的纯净。人可以赞美绿洲胡杨的神奇，也可以感叹大漠沙碛的壮烈。人可以向往灵湖碧水的剔透，也可以追逐沧海巨浪的激荡。这说明，物的世界是什么样的并不重要，重要的是人的世界是什么样的。有的人把心都掏给你了，你却假装没看见，因为你不喜欢。有的人把你的心都掏走了，你还假装不疼，因为你爱。

真正感到父母衰老的不是他们蹒跚的步履、佝偻的腰身，而是他们心力的衰竭：再也操不起一点心、担不了一点事、受不了一点麻烦。这时你才觉得你再也不能依赖他们，得事事以你为主了。于是你刚回家就挽起袖子进了厨房。你不是客人更不是孩子了。

得不到的并不是最好的。你已经得到天长日久，他一直守候在你身边，你却依然渴望他，那才是最好的。

不管昨夜经历了怎样的泣不成声，早晨醒来这个城市依然车水马龙。开心或者不开心，城市都没有工夫等，你只能铭记或者遗忘，那一站站你爱过或者恨过的旅程。

你跟不想结婚的人谈恋爱，是没有结果的。你和木讷的人谈恋爱，是不会有浪漫的。你和玩心重的人恋爱，是不会有安全感的。谈恋爱也是求仁得仁，千万别指望从不可能的人身上得到好结果。你想要什么就去找什么人。每个人只有一次青春，浪费是可以的，但一定要懂得止损。

## 写给即将高考的你　93

记得看自己右手拇指尖硬硬的茧，看着整整齐齐的试卷、笔记、错题集。看着两年前的自己，阳光或忧伤的背影，看着镜子里的自己义无反顾的表情。告诉自己，用心走过的人，永远不会后悔。

六月了，朋友们，我想你要去高考了。那时我轻轻对自己说，就像现在，似乎依旧残存的心情。焦躁的，坚定的，复杂的心情。

你要去高考了吧，手机里塞满了友情提示吧？微信上分享了祝福吧？记得给所有的朋友道一声祝福，好好整理自己的东西，那些陪你经历了努力的学习用品，不要忘记证件，忘记清凉油，记得带一条小毛巾，擦去紧张的汗水，不要让手心的汗水，沾湿了考卷的字迹。

你要去高考了吧，今年这三天天气似乎很好呢，没有高温，没有黄梅时节雨季的味道。没有闷热，没有低压，没有让你觉得不舒服的地方。所以不用担心什么，是吧？

你要去高考了吧，你会穿着校服去吗？为了一种纪念和安心，就像当年的我。在考场外，去微笑吧，接受那些握手与拥抱吧，来自你的同学，你的老师，你们相互陪伴到终点，现在要自己走了。现在你们要在不同的考场了，现在你们要去完成自己全部的努力了。记得，用心去好好答题，这是你全部可以做的。就像我只记得的那句话"Make every effort, and the God will open the window to welcome you."

你要去高考了吧，你会一场场地经历吧，考得不好，真的没有关系，要相信自己的付出终会有回报。要知道，上帝是个顽皮的孩子，他会开许多玩笑：突发事件，你发挥不好，差一分，你与梦想失之交臂，或者，明明觉得自己答得很好，结果却很糟糕，或者，你最喜欢的科目，最拿手的科目，你那样认真地完成了的考试，你那样相信自己的考试，最终，只有一个没有理由的数字，一个你无法面对的数字，陪你看栀子花落。朋友，什么都不要担心，人生是用来面对的，无论发生了什么事，记得不要放弃。记得你努力付出过了，记得那些夜晚你抹着眼泪背书或是算着习题，记得你在那张小小的排名条前如此憎恶过数字的残忍，在失落中又要挣扎着努力，记得在无数的突发的变故中，你告诉自己要坚强，记得每天你们有过抱怨但更多的是鼓励着每个人。记得"凡事都多努力一点的人，终会成功"，记得"你不需要每一件事都百分之百完成"，记得"高考只是为了让你的人生从这一站到下一站"，记得你还有青春，梦想如果没有死，就要坚持去追，如果梦想死了，请记得你有梦想的能力，再创造一个梦，让自己去奋斗。所以，放心大胆地去考吧，相信自己。如果高考没有给你未来，只要一直找下去，它会在路边等你。

你要去高考了吧，记得对你的父母和老师微笑。知道吗，他们比你还紧张，他们会担心你将承受的东西，担心你无法迈过这道坎，却还要鼓励你去尝试与争取，因为他们明白，真的在那些时刻，他们没有能力帮你，要真正迈过这道坎，只有靠你自己。也许，你曾经那样反感他们对你的干涉，就像填志愿书的日子，填了多久，家里就吵了多久。所以，不要埋怨你的父母不能帮助你，不要埋怨你的老师有多不好所以你不会成功。记得告诉他们，你有能力去面对风雨，记得让他们安心，让他们相信你的坚强与成长，你会勇敢，即使他们都不在你身边。

你要去高考了吧，记得考完的时候，不要再像过去那样，争论考试的种种，打听别人怎么样，记得鼓励你遇见的每一个同学，记得为他们加油。记得给焦急的老师和父母最阳光的微笑，告诉他们你很好。无论发生了什么事，无论那时你经历了怎样的惶恐与苦涩。记得告诉关心你的学弟学妹，高考没有什么，走过了，就明白了。

这就是高考，只给你一次机会的高考。高考不是教会你世界有多残忍，人生有多无奈。高考是为了让你明白，你的奋斗不是为了一个结果，而是因为你想要去奋斗，因为那么多人陪你去追逐过梦想，因为那么多人陪你一起走过你最无奈最煎熬最焦躁的日子。高考是为了告诉你，要有梦想去期待，要用努力去付出，要去爱和你一路走来的每个人，或深或浅。梦想、汗水、爱的阳光，才会创造属于你的奇迹。

奇迹是用来相信的，没有等到不要紧，有一天你会发现奇迹，因为那时你要告诉全世界，你就是那个奇迹。我相信你能行的，加油！

## 94　自信是最大的底气

　　生命的意义，也许更多的不是最后的结果，而是在颠簸起伏的人生中如何有勇气和自信去克服困难，应该学会的是坦然自若，用乐观的态度迎接每一个美好的明天。相信自己，自信是青春的号角，生命的强音！

　　只有自信，才能面对人生的艰辛，岁月的苦楚，抹去你悲伤的眼泪，燃起希望之火，用整个身心趟出一条成功之路。

　　我能行，是因为我相信自己。我们都是刚刚走过一段艰辛历程的人。高考，我们幸运地通过了。但是，竞争无处不在。大学，依旧需要努力。我相信，我一定能行。记得高三，每次考试我的成绩都很差，甚至还在不断地下滑。百态人生，谁会没有迷茫？面对这种情况，压抑不住地伤心，在没有人的时候，泪水肆意流淌，我也曾努力，我也坐过午夜的班车学习，为什么会是这样的结果？　也许是出于心理安慰，想起李白说过"天生我材必有用"他有着强烈的自信。　想想也是，一个旷世奇才，才华横溢的诗人，有着远大的理想，却总是无法实现。但是他还是那么豪放，那么乐观。在哈佛大学上学的比尔·盖茨，凭借强大的自信和超群的眼光，决然退学而后创立了微软公司，改变了人们的生活方式。

　　张海迪半身残疾，她却可以自己学习，哪怕是在病床上都可以用镜子反射来学习。她曾说："像所有矢志不渝的人一样，把艰苦的探寻本身当作真正的幸福。"在做了癌症手术后，她继续以不屈的精神与命运抗争，开始了新的学习。

　　她凭借对生命的热爱和对生活的信心，以惊人的毅力创造了一个又一个的奇迹。他（她）们都是有着传奇经历的人，同样的，他们都有常人难以想象的自信与勇气。张海迪在逆境都可以创造奇迹，我的这点儿挫折算什么。

擦干眼泪，继续拼搏，我相信，我能行。生命的意义，也许更多地不是最后的结果，而是在颠簸起伏的人生中如何有勇气和自信去克服困难，应该学会坦然自若，用乐观的态度迎接每一个美好的明天。

爱因斯坦刚发表相对论时，就有很多人以各种各样的理论进行反驳和批评。他说："假如我的理论是错的，有一个人反驳就够了，一百个零加起来还是零"。他坚定信念，坚持研究，最后，使相对论成了20世纪最伟大的理论。

他们都可以创造奇迹，那为什么我就不行？我相信，只要努力，我也可以，我相信我能行！后来，带着"黄沙百战穿金甲，不破楼兰终不还"的决心，用尽所有时间去学，最后的冲刺，我赢了。当初耻笑我的人，有些还在复读，而我，进入了大学。

## 95　如何做一个合格党员

每当想起我们的祖国、我们的党，脑海里就浮现出碧空下红旗飘飘，白鸽飞扬的场面，那是一个充满爱、正义、和平的画面——美丽中国。

回顾中华民族的战争时代，一幕幕令人心酸含泪的光辉历史历历在目。在硝烟滚滚炮火连天的战场上，战士们挺起胸膛守卫着祖国，奋勇杀敌。听，那里的歌声唱起："没有共产党就没有新中国……"我们的和平、美丽的新中国是战士们流血牺牲奋斗得来的。而身为改革新时代的我们，更要有无私奉献的精神，积极进取的干劲，勇敢无畏的魄力，去为人民服务，为祖国效力，坚持发展党历经艰辛开创的这条道路。

"如何做一名合格的党员"，这句话就像一个警钟敲响在我的耳边，警示着我的心让我思考怎样成为一名合格的党员，它就像奔驰在辽阔草原上的英勇骏马，让我迈着坚定的步伐朝党的道路前进；它就像一盏启明灯，领导着、鼓舞着我的斗志。它不仅仅是一个问答、一篇文章，它是党，是祖国给我们的自重、自警、自问、自省语。作为一名中国共产党党员应该怎样做、如何做、做什么？正如"纲纪不彰，党将不党，国将不国"，当你做好了，我做好了，人人都做好了，我们的祖国何愁不富强，我们的蓝图之梦就是来自中华民族伟大复兴的中国梦。

孔繁森是一名共产党员，1979 年远赴西藏工作，期间访贫问苦，宣传党的政策，用他的医术救助人们，用他的智慧改善阿里的经济发展，收养地震废墟中的孤儿，走访 98 个乡镇，行程

8万多公里,在去阿里考察途中因车祸去世;吴天祥是湖北省武汉市武昌区信访办副主任,为政清廉,淡泊名利,接待上访群众万余人次,处理问题近万件,积极为贫困户排忧解难,认真全心全意为人民服务。他们是新时期党员领导的楷模,是正义善良的象征,天使的化身,温暖着人间,感动着中国。

我永远难忘那一天,庄重而神圣的时刻,面朝鲜艳的红旗,郑重地举起右手,高声读着入党誓言:"我志愿加入中国共产党,拥护党的纲领,遵守党的章程,履行党员义务,执行党的决定,严守党的纪律,保守党的秘密,对党忠诚,积极工作,为共产主义奋斗终身,随时准备为党和为人民牺牲一切,永不叛党!"这就是党员的主旨,让我们在心中高高扬起一面党的精神旗帜,做到在党爱党、在党忧党、在党言党、在党为党,做一名合格的共产党员。

做一名合格的党员,要从党风党性出发。规矩、纪律是方圆与黑白,领导与决策,发展与前进之根本。在工作与组织上,严于律己,团结一心,克己奉公,埋头苦干,积极进取。带着钉子精神,勇往无畏,做到抓铁有痕,踏石有印的坚韧毅力。做到反形式主义之风,反官僚主义之风,反享乐之风,反奢靡之风。廉洁自律,弘扬中华民族优良国风。道德品行是国之风,人之本,善之念,行之正。在生活与思想上,谨守"富贵不能淫,贫贱不能移,威武不能屈"的精神,树立清风浩然之气,做一个刚正、廉洁、无私的人。做到忠诚守信,勇于担当,爱生活、爱学习、爱人民、爱岗位、爱国家。不断提高自身修养与文化,坚定理想信念,严守行为规范,树立正确的世界观、人生观、价值观。

做一名合格的党员,要全心全意为人民服务。这是党的思想中心,也是每一个中国共产党员的义务。坚持党和人民的利益高于一切的信念。带着"先天下之忧而忧,后天下之乐而乐"的精神,去为人民服务，去为祖国奉献。做到"权为民所用，情为民所系，利为民所谋"，用你的行动，你的心去感召人民群众。我，就是人民的好榜样；我，就是党的模范先锋。让我们对祖国高喊："我就是一名堂堂正正的中国共产党员，是一个无愧于人民，无愧于党的人。"

作为一名合格的党员，要牢记自己肩负的义务与责任，坚定无畏地走下去，忠于党，忠于人民，忠于自己。我是一轮红日，燃烧在心中，永恒不灭！我是峭壁中的野草，迎着风雨，屹立不倒！

让我和你——千千万万的人，共同携手共创一个美丽的家园，我爱我中国！

## 语言是沟通的钥匙　96

　　假如沟通是一扇门，那么语言就是这扇门的钥匙。
　　如果沟通的门通向的是漆黑的深夜，那么语言这把钥匙便引领着你走向皓月当空，繁星满天；如果沟通的门通向的是一望无际的沙漠，那么语言这把钥匙便引领着你走向鸟语花香的绿洲；如果沟通的门通向的是浩瀚无边的大海，那么语言这把钥匙便引领着你"乘长风破万里浪""到中流击水，浪遏飞舟"。语言在沟通中是多么的重要！它是一把闪光的钥匙，使沟通直接到达人的心坎上。
　　恰如其分的语言表达，利于亲情的沟通。诚然父母们都"望子成龙，望女成凤"。然而当子女跌倒时，父母是痛斥"没用的东西，怎么搞的"，还是送以一句"这次是有点儿失策，下回努力"，两种沟通收到的效果是截然相反的。当子女摘吃了早恋的禁果时，父母是郑重声明："那不行，绝对不行"，还是先说一句："你的心情爸妈能理解"再述之以理，效果更不用提。尽管沟通的心都如月光般皎洁，但语言的表达却让沟通的效果不一样。可见，亲情的沟通，要用好语言这把钥匙。
　　恰如其分的语言表达，利于友情的沟通。高适的"莫愁前路无知己，天下谁人不识君"与王勃的"海内存知己，天涯若比邻"，都用优美的语言送别了友人，达到了友情的沟通。李白在《蜀道难》一文中劝说友人归来的语言用得精辟，达到了友情的沟通。从李白的"上有六龙回日之高标，下有冲波逆折之回川"可知"蜀道之难，难于上青天"，友人便从言语中感受到他的关怀，沟通也便到了心坎。沟通并不像白居易说的"此时无声胜有声",它需要语言为它传达彼此的关切。友情的沟通,需要语言这把钥匙。

恰如其分地表达,利于爱情的沟通。文学著作中简·爱与男主人公罗伯特早期的认识,便因为罗伯特孤傲的语言表达而困难重重。幸好,简·爱直接而爱憎分明的语言打破了两人间的障碍,两颗相爱的心才得以沟通。刘兰芝被遣回家时对焦仲卿所说的"君当作磐石,妾当作蒲苇",焦仲卿"誓天不相负"的回答,使爱情得到了沟通。爱情有时不能像柳永说的"执手相看泪眼,竟无语凝噎",而需要沟通。爱情的沟通,需要语言这把钥匙。

触龙说赵太后、魏征谏太宗,无不以恰如其分的语言来表达自己的见解。君臣间的沟通,同样需要语言这把钥匙。

一言以蔽之,请好好运用语言这把钥匙,让沟通直接到达心坎上。拥有经验,可以避免相同错误的再次产生。每个人都曾失败过,爬起重来时,我们要以新的姿态面对,新的思想考虑,更快迈向成功的彼岸。

## 留给自己一个对手　97

中国队虽然包揽了世乒赛所有的金牌，但是，我感到的并不是喜悦，一种独孤求败的凄凉之感油然而生，高处不胜寒。中国队太需要一个对手了。而在人生中，又何尝不是如此呢？一个拥有对手的人应该是幸福的，因为你的对手，会伴随你一路成长下去，直到你登上最高的山峰。

时势造英雄，英雄造英雄。英雄往往都是成双成对地出现，勾践与夫差，曹操与刘备。他们看起来是对手，但是他们却都成就了对方，同时也成就了自己。而正是对手的存在，可以使自己加倍努力地学习，去奋斗，最终功成名就。

秦始皇一扫天下，我相信他所得到的不是万人唯我独尊的喜悦，而是无人能敌，无战可战的寂寞与苍凉。他失去了奋斗的目标，同时也迷失了自己，最终秦朝二世而亡。刘邦虽然喜钱财，好美姬。但是项羽的存在，却使他由一个街头混混，成长为一个帝王之才，我相信刘邦将死之年，最怀念的不会是别人，而必定是他一生的对手——项羽。

幸福使人麻木，而痛苦却让人成长。往往带给你幸福的人，我们记得不清晰，但是给予你巨大伤痛的人，我们却记得刻骨铭心。一个没有对手的人生是一个不完整的人生。每当我看《康熙大帝》时，看到康熙在千叟宴上敬酒，我都感动得热泪盈眶，他敬了三碗酒，第一碗是敬孝庄皇太后，第二碗敬各位臣子，而这第三碗酒，他这么说的："这第三碗酒，朕要敬给朕的死敌们。鳌拜、吴三桂、郑经、葛尔丹，还有那个朱三太子啊，他们都是英雄豪杰啊！他们造就了朕哪！他们逼着朕立下了这丰功伟业。朕恨他们，也敬他们。哎，可惜呀，他们都死了，朕寂寞呀！朕不祝他们死得安宁，祝他们来生再世再与朕为敌吧！"

这是何等的豪迈，何等的不屈啊。英雄自古多磨难，千凶万险终破茧。

请留给自己一个对手吧，留给自己一个奋斗的目标，让自己永远充满活力。请祝福自己的对手吧，正是因为他们，你才得以获得今日的辉煌。

请珍惜自己的对手吧，因为总有一天你会发现，他们在你心中的无可替代的分量。

我们不做独孤求败，我们都是有血有肉的人，我们会敬重我们的对手，他们和我们共同进步，共同成长。终有一天，我们大家都会闯出一片属于自己的蓝天。